世界遺産 熊野古道と紀伊山地の霊場

神々が宿る聖地

五十嵐敬喜、岩槻邦男、西村幸夫、松浦晃一郎 編著

目次

pp.2–3：熊野川の中州にたたずむ大斎原の杜
写真協力：田辺市ツーリズムビューロー

第一章　紀伊山地の歴史と世界遺産の概要

信仰の山、紀伊山地の歴史

辻林 浩
和歌山県世界遺産センター長

紀伊山地と多様な信仰形態

世界遺産「紀伊山地の霊場と参詣道」は本州最南端、太平洋に張り出した紀伊半島に位置し、二千メートル級の大峰山脈を脊梁とする険しい山々が幾重にも連なり、年間降水量三千ミリを超えるといわれる豊富な降水が豊かな自然を育む山岳地帯である。

このような森厳な自然あふれる地であったことから、紀伊山地は太古の昔から山や岩、森や樹木、川や滝などを神格化する自然信仰を育んだ地域であり、六世紀に仏教が伝来して以降、仏教の山岳修行の場となり、九世紀に空海が招来した真言密教もまた修行の場とした。

九世紀から一〇世紀に広く流布した仏教思想と神祇信仰の融合の中で提唱された「神仏習合」思想や、仏・菩薩が衆生救済のため仮に神の姿をとってこの世に現れるという教説「本地垂迹説（ほんじすいじゃく）」によって、紀伊山地はその聖地として信仰を集めた。

一〇世紀中頃から一一世紀代には、日本古来の山岳信仰が道教・密教などの影響を受け、山岳修

幻想的な紀伊山地の山並み
写真協力：田辺市ツーリズムビューロー

「紀伊山地の霊場と参詣道」の位置

行による超自然的霊力の修得を目的とする修験道が成立し、紀伊山地の脊梁をなす大峰山脈をその修行の場とした。またこの時代は、神仏習合や本地垂迹説が、釈迦入滅後、年代がたつにつれて正しい教説が衰退し世も末になるという「末法思想」や、死後に阿弥陀仏の極楽浄土に往生し成仏するという「浄土教」の教えとともに貴賤を問わず広く流布した。

これにともない、都の南に位置する紀伊山地は仏教諸尊の浄土があるとされ、紀伊山地の霊場としての性格がより一層強められた。

さらに、紀伊山地を浄土とすることに飽きたらず、南の洋上に観音菩薩の浄土「補陀洛（ふだらく）山」を求めて死を賭して漕ぎ出す「補陀洛渡海（とかい）」信仰も生まれた。このように、紀伊山地の神聖性が重要視された背景には、深い山々が海に迫るという独特の地形や、その山々と海とが織り成す対照的な景観などが、古代の人々の精神性に大きく影響したものと考えられる。

紀伊山地に自然信仰、仏教、修験道という多様な信仰形態を背景として、「吉野・大峯」、「高野山」、「熊野三山」という三つの霊場が形成された背景には、この地方特有の地形や気候、植生などの自然環境が大きく影響しているといえ、霊場の形成とともに、より直接的な効果を得ようとする宗教行為として霊場への参詣が人々の心をとらえ、三霊場への参詣道が形成されていった。

世界遺産「紀伊山地の霊場と参詣道」

この紀伊山地に形成された三霊場とそこに至る参詣道が、「古代以来、自然崇拝に根ざした神道、中国から伝来しわが国で独自の展開をみせた仏教、その両者および道教や陰陽道が結びついた修験道など、多様な信仰形態が育んだ神仏の霊場であり、大峯奥駈道、高野山町石道、熊野参詣道などの参詣道（巡礼道）とともに広範囲にわたってきわめて良好に遺存している比類のない事例であり、それらが今なお連綿と民衆の中に息づいている点においてもきわめて貴重である」として、二〇〇一年四月、「紀伊山地の霊場と参詣道と、その文化的景観」の標題をもって世界遺産暫定リストへの追加物件として記載され、二〇〇四年七月、中国蘇州で開催された第二八回世界遺産委員会において、登録名称「紀伊山地の霊場と参詣道」として世界遺産に登録された。

登録された三霊場、すなわち「吉野・大峯」、「高野山」、「熊野三山」は、紀伊山地の豊かな自然を背景に成立し、相互に影響し合いながら発展してきた。これら形態の異なる宗教の聖地が霊場化するに至ったのは、紀伊山地が六世紀から一九世紀の中頃まで都が所在した奈良・京都の南に位置する峻厳な山岳地帯であり、太古の昔から神々の籠る特別な地域と考えられていたことによる。

「吉野・大峯」の霊場化

吉野が飛鳥・奈良時代の大和の朝廷官人にとって憧れの地であったことは、『萬葉集』巻一（三六・三七）に柿本人麻呂が「見れど見飽きぬ」と詠んだように、山水の聖性の地として人々に認識され、斎明天皇が造営し、以後ほぼ一〇〇年にわたって歴代天皇は吉野宮を離宮としたことや、乙巳の変に先んじて古人大兄皇子が出家し吉野山に入ったり、皇位継承に絡む壬申の乱に先んじて大海人皇子が吉野に逃れたことがよく知られているように、吉野は七世紀にはすでに出家し、仏道修行に籠もるというような宗教的環境が醸成されていたものと思われる。

一方、原始時代から、山岳に対して神の坐すところ、祖先の霊が宿るところとしての信仰が認められる。その聖なる山に入り修行を重ね、霊力を得ようとする行為も古くから行われていた。都の

熊野参詣道中辺路 発心門王子へと続く古道

熊野参詣道中辺路 赤木越（2016年登録）

南に位置し、重畳と連なる山々はこうした山岳修行者にとって格好の地であった。

吉野山は、都人から山水の聖性の地として認識されたように、八世紀には水源の地として水分神を祀る山、地主神の宿る山として金峯山に対する信仰がみられ、この金峯山が金の御嶽の名で王朝人をさらに惹きつけた。

この金峯山に金剛蔵王権現が登場するのは平安時代のはじめ、九世紀のことである。醍醐寺の開祖である聖宝が金峯山に堂を建立し、金剛蔵王像を造像したことにより、修験道の中心仏と位置づけられてゆき、吉野金峯山が修験道の拠点のひとつとして修験者を集めることとなる。また、末法思想の流布にともない金峯山は救済仏である弥勒の兜率天とも受けとめられ、一〇世紀以降、御嶽詣と呼ばれ、上皇や貴族の参詣が盛んになってゆく。そのさきがけは九〇〇年と九〇五年の宇多法皇の参詣であった。さらに一〇〇七年には藤原道長が、一〇四二年と一〇五二年にはその子頼通が、一〇九二年には白河上皇の参詣など、一〇世紀から一二世紀にかけて貴紳の御嶽詣が盛んに行われ、霊場化が進んだ。

「高野山」の霊場化

高野山は九世紀初めの創建以来、真言宗の根本道場として信仰を集めてきた。現在も高野山上には一一七か寺が密集し、一二〇〇年の信仰の山の歴史を伝える山上宗教都市である。

高野山は、空海が八一六年に真言密教修禅寺院の建立および自身の入定処として、嵯峨天皇に下賜を願い出て開かれた真言密教の聖山である。この高野山の地は、空海が官立大学の内容に飽きたらず、私度僧として「虚空蔵求聞持法」などの山林修行に明け暮れていたころに訪れていたことのある旧地であったことが、嵯峨天皇への上表文に見える。

空海が高野山を開くにあたっては、いくつかの伝説がある。託宣により地主神の丹生明神からこの地を譲られたとする神領譲渡伝説、空海が入唐留学を終え、明州の浜辺から密教の根本修禅道場建設の地を求め三鈷杵を投げたところ、高野山の木にかかっていたことを発見し開創の地としたという飛行三鈷伝説、狩人の教示と猟犬の案内によって高野の地を知ったとする狩人案内伝説がある。

空海は八三五年に入定するが、そのころまでに完成していたのは多宝塔一基、講堂一宇、二一間僧坊一宇であったという。壮大な密教伽藍が完成するのは、開創後七〇年の歳月をへた八八七年、空海の甥と伝えられる後継者真然大徳のときという。九二一年、醍醐天皇が「弘法大師」の諡号を贈られたが、このことを奥院廟窟に入定した空海に報告した僧が、生けるが如く禅定する姿を拝したことから、今なお弘法大師は高野山奥院廟窟内で禅定され、五六億七千万年後に兜率浄土から弥勒菩薩が出現するまで、大師は人々を救済し続けるという弘法大師入定留身信仰が生まれる。この入定留身信仰により高野山に対する信仰意識がもたれるようになった。

末法思想が広く流布するなか、一一世紀から一二世紀の高野山では浄土教が隆盛をきわめ、法華経信仰、修験道、神仏習合信仰など多様な信仰が同居する信仰の場に変貌し、仏教霊場としての霊山へと徐々に姿を変えていった。

貴紳の参詣は、一〇二三年の藤原道長の参詣を初めとし藤原頼通、藤原師実が、一〇八八年と一〇九一年には白河上皇が、一一二七年には白河・鳥羽両上皇が参詣するなど一三世紀初めまで院や貴族の参詣が続き、室町時代後半には戦国大名との師檀関係がもたれた。徳川家の祖松平家が室町時代から蓮花院と師檀関係を結んでいたことから、徳川家は蓮花院を高野山の菩提寺とした。全国の大名はこれに倣って高野山の子院と師檀関係を結ぶとともに、先祖供養のため巨大な石造五輪

吉野蔵王堂

金剛峯寺本坊

丹生都比売神社

慈尊院弥勒堂

高野山町石道

塔を建立した。庶民による一石五輪供養塔とともに、奥院一帯は「日本総菩提所」と呼ばれる景観を呈するようになった。

「熊野三山」の霊場化

熊野本宮大社、熊野速玉大社、熊野那智大社の総称で、自然信仰を起源とし、当初は個別の神格を有していた。その後、神仏習合や本地垂迹思想により阿弥陀信仰や補陀洛渡海信仰と結びつき霊場化が進み、三社が相互に祭神を勧請し熊野三所権現と称された。さらに五所王子、四所宮を加え熊野十二所権現が成立する。

三山のうち速玉神（新宮）と牟須美神（本宮）は、『神抄格勅符抄』所収「大同元年牒」に、天平神護二年（七六六）に封戸四戸を与えられたという記事があり、奈良時代すでに国家により食封支給が行われていた。しかしながら、那智については『延喜式』神名帳にもその名は見られず、一一世紀末頃の文献にはじめてその名を見出せる。また、本宮大社の三神一具の神像が一〇世紀中頃の作とされていることからも、一〇世紀中頃には「三所権現」として成立していたものとみられる。さらにこの頃までに熊野と大峰山・金峯山を結ぶ奥駈道が開かれ修験の道場ともなっていたことや、末法の世が近づき社会不安が生じていたことなども要因として加わり、熊野の霊場化が進んでいった。

こうして成立した熊野三山への参詣の初例は九〇七年の宇多法皇の参詣であるが、一一世紀になると貴族の参詣がしばしば見られるようになり、一〇九〇年には白河上皇の第一回の参詣が行われた。上皇・女院や貴族の間で熊野参詣が流行するのは白河上皇の第二回の参詣以降で、鳥羽上皇の時代には準国家的行事となり、一三世紀初めまで上皇の参詣は続く。承久の乱（一二二一年）の後、上皇たちの参詣は途絶えたというにひとしく、建長二（一二五〇）年と七年の後嵯峨上皇、弘安四（一二八一）年の亀山上皇の三回を数えるだけであるが、代わって武士や庶民による参詣が増加し、最盛期の一五世紀には「蟻の熊野詣」と称されるほど多くの参詣者が訪れた。庶民の社寺参詣が盛んとなる一七世紀以降、西国三十三所観音霊場巡礼と関連して前代同様多くの参詣者が訪れた。これには本願寺院に属した聖や熊野比丘尼による勧進活動も見逃すことはできない。

参詣道の形成

紀伊山地の三霊場は、一一世紀から一二世紀には日本の代表的な霊場としての地位を築き、都をはじめ全国各地から多くの参詣者が訪れるところとなった。それにともない三霊場への参詣道が、また霊場間を結ぶ道が形成されていった。「大峯奥駈道」、「高野山町石道」、「熊野参詣道」と呼ばれるこれらの参詣道は、古代の山岳信仰と山岳仏教を基盤として形成された霊場への道にふさわしく、厳しい自然との接触を通じて宗教的な高揚を促す非日常的体験の場であり、参詣に際しては徒歩が原則とされ、あえて険しい経路が設定されている。

大峯奥駈道

霊場「吉野・大峯」と「熊野三山」を結ぶ修験者の修行の道で、伝説では八世紀に役行者が開いたとされる。吉野から大峯山寺、玉置神社を経て熊野本宮大社に至る約八〇キロの距離があり、その大半は標高二千メートルに近い峯々を踏破する険しい尾根道で、随所に行場が設けられている。役行者が踏破したとされるルートである熊野から吉野へ向かうのを順峯、吉野から熊野へ向かうのを

熊野速玉大社

熊野那智大社

那智大滝

逆峯と呼び、前者は天台系修験（本山派）、後者は真言系修験（当山派）が修行のルートとした。古くは行程中に一二〇か所の「宿」と呼ばれる行場が設けられていたが、一七世紀以後は七五か所の「靡（なびき）」に整理された。

修験者はこの大峯奥駈道を踏破することが義務づけられるとともに、最も重視される修行で、踏破した回数も重視される。今日も多くの修験団体がこの行を行っており、熊野本宮大社や熊野速玉大社の例大祭には、吉野から大峯奥駈道を踏破して参列している。

高野山町石道

高野七口と呼ばれるように高野山上へ通じる道は数多くあるが、山下の政所（政所の中にあった慈尊院（14頁）をもってその総称ともした）から山上の伽藍、伽藍から奥院廟所までを結び、高野参詣の主要道として使われたのが「高野山町石道」である。沿道には一町および一里ごとに金剛峯寺の中心である壇上伽藍からの距離を刻んだ町石（石製道標）が建てられている。

伽藍から山下の慈尊院までを胎蔵界曼陀羅百八十尊に擬し一八〇本の町石が、伽藍から奥院廟所までを金剛界曼陀羅の三十七尊に擬し三六本の町石が建てられているが、里石は町石とは逆に慈尊院からの里数を表している。もとは木製の卒塔婆に町数を記したものであったが、高野山の僧により皇室から庶民にいたるまで各層の寄進を募り、二一年を費やし一二八五年に石造で再興されたものが今に残る町石である。

町石は頭部が五輪塔型の四角柱で、正面上部に金剛界三十六尊および胎蔵界百八十尊を表す梵字と壇上伽藍からの町数が、側面には寄進者の名前、建立の年月日および目的などが彫り込まれている。町石は金剛界・胎蔵界の諸尊を表してもいるため、一町ごとに礼拝を重ねながら山上を目指した参詣の様子を今に伝えている。

このように、中世以降、高野山への参詣を担ってきた町石道も、近世には不動坂から女人堂へ登る不動坂口の利用が多くなり、脇参詣道の観を呈するようになった。

熊野参詣道

霊場「熊野三山」は紀伊半島の東南先端部に位置するため、参詣者の出発点に応じて大きく三経路が開かれている。第一の経路は紀伊半島西岸を進むもので、後白河上皇が撰んだ今様の歌詞集『梁塵秘抄』には紀路とみえる。この経路は田辺の地から東進し山中を進む「中辺路」と、さらに海岸線に沿って進む「大辺路」とに分岐する。中辺路は、白河上皇の参詣以来、熊野参詣の公式ルート的性格をもち、沿道には熊野神の御子神を祀った「王子」やその関連遺跡が点在するのが特徴である。第二の経路は紀伊半島東岸を進む『梁塵秘抄』に言う「伊勢路」である。第三の経路は紀伊半島中央部を縦断し、高野山と熊野本宮を結ぶ「小辺路」である。

熊野参詣は一〇世紀前半から始まり一五世紀まで盛んに行われ、最盛期の様子は「蟻の熊野詣」と形容された。その後、熊野三山への参詣は衰退するが、民衆の社寺参詣が盛んになる一七世紀以降は、伊勢参詣ののち西国三十三所観音霊場巡礼（西国巡礼）に向かう人々の経路としても利用されたが、古代・中世同様に多くの人々の熊野三山への参詣道として機能した。

信仰の山の伝統を今に残す霊場と参詣道

日本古来の自然崇拝の思想は、常緑樹叢や岩塊に覆われた山、山肌に露出する岩塊、岩肌を落下する水量豊かな滝、老巨木などの自然物または自然の地域に神が降臨するとされた。熊野速玉大社の「ゴトビキ岩」、熊野那智大社の「那智大滝」、花窟神社の「花の窟」などはこのような自然崇拝の典型的な事例である。これら神聖視された場所はのちに神社の神域として発展するとともに、仏教と融合する過程で日本固有の修験道などの山岳信仰の行場としても重視されるようになった。また、空海がもたらした真言密教も山岳を、悟りを開くための修行の場ととらえていた。これらの行場または霊場が所在する地域はきわめて深遠な山岳地帯であり、その神聖性とあいまって顕著な文化的景観を形成しているといえる。

このように、「紀伊山地の霊場と参詣道」は、千年以上にわたりおびただしい数の信仰者を惹きつけ、日本人の精神的・文化的な面での発展と交流にきわめて重要な役割を果たしてきた。そして、今なお信仰の山の伝統を良好に残しているといえる。

参考文献

『世界遺産「紀伊山地の霊場と参詣道」』世界遺産登録推進三県協議会、二〇〇五年
首藤善樹著 総本山金峯山寺『金峯山寺史』国書刊行会、二〇〇四年
『弘法大師入唐一二〇〇年記念 空海と高野山』高野産霊宝館、二〇〇三年

熊野本宮大社　写真協力：熊野本宮大社

本宮本社末社図 熊野本宮大社蔵、江戸時代　写真協力：熊野本宮大社

世界遺産「紀伊山地の霊場と参詣道」の構成資産

藤井幸司
和歌山県教育庁文化遺産課主査

はじめに

「紀伊山地の霊場と参詣道」は、本州最南端の太平洋に張り出す紀伊半島に位置する。紀伊山地には、深い山々が南の海に迫るという独特の地形やその山々と海が織り成す対照的な景観が広がっている。そして、それらの地形や景観を背景として自然信仰、仏教、修験道等の多様な信仰のあり方が展開し、「吉野・大峯」、「熊野三山」、「高野山」と呼ばれる三つの霊場とこれらの霊場を結ぶ「参詣道」が形成された。ここでは、二〇一六年に登録された範囲を中心として「紀伊山地の霊場と参詣道」の構成資産について概観したい。

霊場「吉野・大峯」

紀伊山地の最北部にあり、三つの霊場の中で最も北に位置する。農耕に不可欠な水を支配する山または金などの鉱物資源を産出する山として崇められた金峯山（きんぷせん）を中心とする「吉野」地域とその南に連続する山岳修行の場である「大峯」地域からなる。修験道の中心的聖地として発展し、一〇世紀中頃には日本第一の霊山として中国にもその名が伝わるほどの崇敬を集めた。日本各地から多くの修験者が訪れ、「吉野・大峯」を規範として、全国各地に山岳霊場が形成された。

　構成資産には、吉野山、吉野水分(みくまり)神社、金峯神社、金峯山寺、吉水神社、大峰山寺がある。**吉野山**は大峰山脈北端に位置し、桜が広範囲に分布する信仰と芸術に関連する文化的景観が広がる。**吉野水分神社**は、分水嶺への信仰を起源とする。一六〇四年以降に再建された社殿は、本殿・拝殿・幣殿・楼門・回廊からなり、装飾性豊かな桃山時代の特色を示す。**金峯神社**は鉱物への信仰を起源とし、吉野水分神社とともに「吉野」が信仰の山となる端緒となった。**金峯山寺**は、修験道の中心的寺院かつ山岳信仰の霊地として信仰を集めてきた。境内には、一五九二年に再建された高さ三四メートルの本堂、一四五六年に再建された高さ二〇メートルに達する二王門や一五世紀中頃に再建された銅鳥居が現存する。**吉水神社**は、元来金峯山寺の付属寺院の一つであったが神仏分離令により神社となった。境内には、日本の住宅形式の原形となった書院造の早期の一事例である書院が現存する。**大峰山寺**は、標高一七一九メートルの山上ヶ岳の頂上に位置する修験道の最も重要な聖地である。境内には、一七〇三年に再建された太い柱に比して屋根が低い本堂が所在する。

霊場「熊野三山」

　紀伊山地の南東部にあり、相互に二〇～四〇キロメートルの距離を隔てて位置する熊野本宮大社、熊野速玉(はやたま)大社、熊野那智大社の三つの神社と青岸渡寺(せいがんとじ)および補陀洛山寺(ふだらくさんじ)の二つの寺院からなる。三神社は個別に自然崇拝の起源を有すると考えられるが、一〇世紀後半には他二社の主祭神を相互に

熊野参詣道中辺路　北郡越（2016年登録）

熊野参詣道中辺路　潮見峠越（2016年登録）

熊野参詣道中辺路　赤木越（2016年登録）

熊野参詣道大辺路　富山平見道（2016年登録）

熊野参詣道大辺路　闘雞神社（2016年登録）

高野参詣道女人道（2016年登録）

合祀するようになり、それ以降「熊野三山」あるいは熊野三所権現と呼ばれ、多くの皇族・貴族の崇敬を集めた。

構成資産には、熊野本宮大社、熊野速玉大社、熊野那智大社、青岸渡寺、那智大滝、那智原始林、補陀洛山寺がある。

熊野本宮大社は熊野川中流の中州に位置していたが、水害により罹災したため一八九一年に現在地の熊野川右岸段丘先端に社殿が再建された。再建された社殿の部材の大部分は、水害以前の部材が利用されている。旧社地は現在も大斎原(おおゆのはら)と呼ばれ、一九世紀の切石積み基壇が遺る。熊野川を挟んだ大斎原対岸の丘陵先端には、数多くの経塚【註1】が分布する備崎(そなえざき)経塚群が所在する。

熊野速玉大社は、第二次大戦後に再建された社殿が所在する境内を中心として、背後の権現山と熊野川を約一キロメートル遡上した位置にある御船島と御旅所からなる。現境内地は、少なくとも一二世紀から踏襲されていることが発掘調査により確認された。権現山には祭神の降臨伝承のある神倉神社があり、その神体とされる巨岩のゴトビキ岩周辺からは三世紀の銅鐸や一二世紀の経塚が多数発見された。また、現境内には推定樹齢八〇〇年といわれるナギが生育しており、神木として丁重に扱われている。

熊野那智大社は、那智大滝への自然崇拝を起源とし、那智大滝を神格化した飛瀧権現(ひろうごんげん)が祀られ、他の二社とは異なる。社殿は一八五〇年代に再建されたが、その社殿配置は一三世紀の絵画史料のそれと同一である。熊野那智大社では、扇神輿と呼ばれる依代により神体が本殿から信仰の起源である那智大滝まで渡御する神事「那智の扇祭り」が行われている。那智の扇祭りは重要無形民俗文化財に指定されており、その一部の「那智の田楽」は二〇一二年に世界無形文化遺産に登録された。

青岸渡寺は、那智の如意輪堂として熊野那智大社と一体的に発展してきた寺院で、神仏習合の信仰形態を良好に保存する。境内には、一五九〇年に豊臣秀吉が再建した壮大な素木造の本堂や一三二二年紀年銘のある総高四・三メートルを測る宝篋印塔が現存する。

那智大滝は一三三メートルの日本一の落差を誇り、熊野那智大社と青岸渡寺の信仰の起源かつ現在も信仰の対象そのものである。**那智原始林**は那智大滝と熊野那智大社の神域として保存されてきた三二・七ヘクタールの那智大滝東側に広がる照葉樹林で、熊野地方の自然林の特徴を良好に保存する。**補陀洛山寺**は、熊野参詣道中辺路と大辺路の合流地点の海岸近くに所在する。補陀落浄土を求めて死を賭して南に漕ぎ出す補陀落渡海の住僧を輩出してきた。浜の宮王子跡として知られる熊野三所権現を祀る神社と隣接し、神仏習合の信仰形態を良好に保存する。

霊場「高野山」

吉野・大峯の西南西約三〇キロメートルに位置し、空海が唐からもたらした真言密教の山岳修行道場として八一六年に創建された金剛峯寺を中心とする霊場である。金剛峯寺の伽藍は、真言密教の教義に基づき本堂と多宝塔を組み合わせた壇上伽藍と呼ばれる独特のもので、全国に多数ある真言宗寺院における伽藍の規範となっている。

構成資産には、丹生都比売神社、金剛峯寺、慈尊院、丹生官省符神社がある。

丹生都比売神社は、元々高野山一帯の地主神を祀る神社で、空海に高野山を譲った神という伝承もあり、金剛峯寺に鎮守として勧請されている。境内には一四六九～一九〇一年に再建された社殿の第一殿から第四殿が現存し、その内部にある神体を安置するための宮殿は一三〇六年の制作である。また社殿正面には、一四九九年に再建された楼門が現存する。

東経136°
奈良県
吉野山
吉野水分神社
金峯神社
金峯山寺
吉水神社
三重県
吉野・大峯
大峰山寺
図3(P.31)
慈尊院
丹生官省符神社
丹生都比売神社
高野参詣道 町石道
金剛峯寺
高野山
熊野参詣道 紀伊路
大峯奥駈道
北緯34°
熊野参詣道 小辺路
和歌山県
図2(P.31)
熊野参詣道 伊勢路
熊野本宮大社
熊野参詣道 中辺路
熊野三山
熊野速玉大社
熊野那智大社
青岸渡寺
那智大滝
那智原始林
補陀洛山寺
熊野参詣道 大辺路
0 10 20 40 60 100 km

図1 構成資産の位置

〔凡例〕
霊場(2004年登録)
参詣道(2004年登録)
参詣道(2016年登録)
参詣道ルート

図 2 熊野参詣道拡張範囲の位置

図 3 高野参詣道拡張範囲の位置

金剛峯寺は、標高八〇〇メートルの山上盆地で真言密教の総本山として信仰を集めてきた。伽藍地区、奥院地区、大門地区、金剛三昧院地区、徳川家霊台地区、本山地区の六つの地区からなる。伽藍地区は高野山の中心地区で、近代に再建された根本大塔や金堂などが建ち並び、真言宗寺院の建築様式の規範となっている。一一九八年に創建され一四世紀に壇上伽藍に移築された不動堂や一五二三年に再建された山王院本殿が、中世以前に遡る建造物として現存する。奥院地区は、空海の入定所を中心として一五世紀以降に建立された二〇万基以上の石造五輪塔が密集する。高麗版一切経の収蔵を目的として建立された奥院経蔵や戦国武将達の霊屋が現存する。大門地区は伽藍地区西側〇・六キロメートルに位置し、一七〇五年に再建された高さ二五・八メートルを測る国内最大級の木造二重門の大門が現存する。金剛三昧院地区は、火災による焼失が多い高野山上には珍しく、高野山の中心地域から離れていたため中世以前の建造物が多く遺存する。一二二三年建立の初期の特色を示す多宝塔、同時期建立の経蔵、一五五二年建立の四所明神社本殿や江戸時代前期の客殿及び台所などが現存する。徳川家霊台地区には、一六四一年建立の徳川家康と二代秀忠の霊廟が現存する。本山地区は、伽藍地区の東北東に隣接する金剛峯寺の本坊が所在する。この地区は、一五九〇年創建の興山寺と一五九二年創建の青巖寺の敷地にあたり、一八六二年に再建された木造建造物群が現存する【註2】。

慈尊院は、高野山下の紀ノ川左岸に金剛峯寺の政所として九世紀に創建された寺院である。本堂である弥勒堂は一四世紀に再建され、一五四〇年に増改築された。**丹生官省符神社**は、金剛峯寺の荘園であった官省符荘の鎮守として慈尊院に隣接し、一六世紀前半再建の社殿が現存する。

三つの霊場「吉野・大峯」、「熊野三山」、「高野山」の構成資産は、二〇〇四年に登録されている。すべての構成資産は、文化財保護法によりそれぞれ国宝重要文化財や史跡名勝天然記念物に指定され、開発等から保護するための措置が講じられている。

大峯奥駈道

「吉野・大峯」と「熊野三山」の二つの霊場を南北に結ぶ修験者の修行の道で、吉野山から大峰山寺を経て、熊野本宮大社に至る約九〇キロメートルの道のりである。伝説によると修験道の祖とされる役行者（えんのぎょうじゃ）が八世紀に開いたとされる。

経路の大半が標高千数百メートル級の山々を超える険しい尾根道で、この道を踏破する奥駈（おくがけ）は修験道で最も重視される修行といわれる。登録範囲には、元々は「宿」と呼ばれ、「靡（なびき）」として整理された行場五七か所が含まれる。さらに、玉置山山頂直下に位置し一八〇四年に建立された社務所及び台所が現存する玉置神社のほか、大峰山脈最高峰の標高一九一四メートル周辺に展開するシラビソの自然林である仏経嶽原始林やそのシラビソ林の林床や林縁に展開するモクレン科の落葉低木が分布するオオヤマレンゲ自生地のような信仰に関連する文化的景観が現在も登録範囲に含まれる。

大峯奥駈道の登録範囲延長は八六・九キロメートルを測り、すべて二〇〇四年に登録された。

熊野参詣道

「熊野三山」に参詣するために、一〇世紀には始まり、一五世紀まで盛行した道である。多数の参詣者が列をなした様子は「蟻の熊野詣」と称された。その後、熊野三山のみの参詣を目的とする熊野詣は衰退したが、一七世紀以降には西国巡礼者の参詣に利用された。

参詣道は、参詣者の出発地に応じて複数の経路が開かれており、紀伊半島の西岸を通行する紀伊路（又は紀路）、高野山と熊野三山を結ぶ小辺路（こへち）、紀伊半島東岸を通行する伊勢路に大別できる。紀伊路は、紀伊半島西岸の田辺で紀伊半島を横断する**中辺路**（なかへち）と海岸線沿いを通行する**大辺路**（おおへち）に分岐する。中辺路は、熊野三山への参詣において最も古くから頻繁に利用された経路で、沿道には熊野神の御子神を祀った王子跡が点在する。二〇〇四年の登録範囲は、広義の熊野の神域の入口とされる滝尻王子跡以東の参詣道とその沿道に点在する王子跡のほか、熊野本宮大社南西の山間にある湯垢離場で一二世紀には湯屋が存在したとされる湯の峯温泉や川の参詣道として熊野本宮大社と熊野速玉大社までの約四〇キロメートルの熊野川が含まれた。

一方、大辺路は田辺から海岸線を南下して、紀伊半島先端の串本を経て那智勝浦所在の補陀洛山寺近くで中辺路に合流するまでの約一二〇キロメートルの道である。海と山の織りなす美しい文化的景観に恵まれた経路で、多くの西国巡礼者に利用された。伊勢路は一〇世紀後半に開設されたが、利用が頻繁になるのは西国巡礼が盛んとなる一七世紀以降である。小辺路は、熊野本宮大社と高野山の両霊場を最短距離で結ぶ約七〇キロメートルの経路である。一〇〇〇メートル以上の峠を三度越える必要があり、熊野参詣道では最も険しい道の一つである【註3】。

熊野参詣道は、中辺路八八・八キロメートル、大辺路一〇キロメートルを含む計一九六・七キロメートルが二〇〇四年に登録され、二〇一六年に中辺路一一・四キロメートル、大辺路四・一キロメートルが延伸したため、熊野参詣道の登録範囲の延長は計二一二・二キロメートルにおよぶ。

高野参詣道

高野山に参詣するために開かれた道で、北側の紀ノ川沿いからの経路、東側の吉野からの経路、南側の熊野本宮大社や熊野参詣道中辺路方面からの経路、高野山の周辺を巡る経路に大別できる。空海が開設した町石道は最古の経路で、近世まで主要道として利用されてきた。紀ノ川沿いの慈尊院を起点として高野山奥院までの間、一町（約一〇九メートル）ごとに「町石（ちょういし）」と呼ばれる石製道標計二二〇基が沿道に建てられた。町石の大半は原状を良好に保存しており、往時の姿を現在に伝えてくれる。

熊野参詣道中辺路　大門坂（2004年登録）

石製道標が遺る高野参詣道　町石道
（旧「高野山町石道」、2004年登録）

高野参詣道は、この町石道のみの二四キロメートルが二〇〇四年に登録されていたため、高野山町石道という構成資産名称であった。しかし、二〇一六年に三谷坂、京大坂道不動坂、黒河道（くろこみち）、女人道が追加されたため、構成資産名称は高野参詣道に変更された。なお、二〇一六年に二四・六キロメートルが延伸したため、高野参詣道の登録範囲の延長は計四八・六キロメートルにおよぶ。

これらの構成資産である参詣道は、文化財保護法によりそれぞれ史跡名勝天然記念物に指定され、開発等から保護するための措置が図られている。

拡張された構成資産

二三の構成資産（表1左端欄参照）のうち、熊野参詣道中辺路と同大辺路及び高野参詣道の三つの構成資産の登録範囲が二〇一六年の「境界線の軽微な変更」【註4】により拡張された。ここでは、この拡張による二〇一六年の登録範囲について概観したい。

熊野参詣道中辺路は、北郡越（ほくそぎごえ）、長尾坂、潮見峠越、赤木越、小狗子峠（こくじ）、かけぬけ道と沿道に所在する八上（やがみ）王子跡、稲葉根王子跡、阿須賀（あすか）王子跡の範囲が拡張された。

北郡越は、二〇〇四年に登録されなかった滝尻王子跡以西の経路で、熊野参詣に当初より利用された富田川沿いの経路の一部である。**長尾坂**と**潮見峠越**は、氾濫により経路が安定しなかった富田川沿いの経路に代わり、王子を経由しなくなった峠越えの派生経路の一部である。一五世紀には開設され、それ以降富田川沿いの経路に代わり頻繁に利用された。

赤木越は、湯垢離をして熊野本宮大社に参詣することが一般化するとともに、王子を経由せずに参詣するようになったため開設された派生経路の一部である。熊野本宮大社から湯の峯温泉に至る二〇〇四年登録の大日越の延長部にあたり、近世には三越（みこし）峠と湯の峯温泉との間の近道として活発に利用された。**小狗子峠**は、熊野速玉大社と熊野那智大社の間の海沿い丘陵上を開削して設けられた区間である。**かけぬけ道**は、中世の那智参詣曼荼羅にも描かれた熊野那智大社から熊野本宮大社に向かう二〇〇四年登録の大雲取越から分岐して妙法山阿弥陀寺に至る経路である。経路の一部が二〇一一年の紀伊半島大水害により流失したものの、経路の大半の区間は良好に保存されている。**八上王子跡**は、田辺から分岐して中辺路が富田川沿いに至るまでの間の山塊裾に位置する王子跡である。一三世紀の『西行物語絵詞』にもその姿が描かれており、最古級の史料が残存する王子跡の一つである。**稲葉根王子跡**は富田川右岸の独立丘陵裾に位置し、王子の中でも格式の高い五体王子の一つに数えられることもある。明治時代に近隣の神社に合祀されたため、現在は小祠のみが存在するだけだが、合祀先の神社には一八世紀前半の社殿や制作年代が中世以前に遡る神像群が存在する。この神像群の一部は稲葉根王子に奉安されていたと推定され、稲葉根王子跡が古く遡及することを示唆する。**阿須賀王子跡**は、熊野速玉大社から約一・三キロメートル東に位置する熊野川河口部右岸の独立山塊を後背として所在する。境内では、平安時代後期から室町時代の御正体と懸仏約二〇〇点を埋納する遺構が発掘された。出土遺物には一三六四年の「安須賀」銘の懸仏が認められ、名称と位置が中世以前に遡ることが確実な王子跡として貴重である。

熊野参詣道大辺路は、**富田坂**、**タオの峠**、**新田平見道**、**富山平見道**、**飛渡谷（とびやたに）道**、**清水峠**、**二河（にこう）峠**、**駿田（するだ）峠**と中辺路と大辺路が分岐する田辺に所在する**闘鶏（とうけい）神社**の範囲が拡張された。大辺路は海岸沿いの経路であるため国道や生活道として改変されている区間が大半を占めるが、舗装や経路の付替え等の改変を免れた谷間や峠越えの短い区間や石畳道や石段が良好に遺存する区間が拡張された。なお、拡張された区間のうち新田平見道から駿田峠は、二〇〇四年には登録されていなかった串本

<table>
<tr><th>No</th><th colspan="2">構成資産の名称</th><th>変更後の資産面積
（ha）</th><th>変更後の緩衝地帯面積
（ha）</th></tr>
<tr><td colspan="5">① 吉野・大峯</td></tr>
<tr><td>1</td><td colspan="2">A 吉野山</td><td>33.7</td><td rowspan="7">916</td></tr>
<tr><td>2</td><td colspan="2">B 吉野水分神社</td><td>0.9</td></tr>
<tr><td>3</td><td colspan="2">C 金峯神社</td><td>1.1</td></tr>
<tr><td>4</td><td colspan="2">D 金峯山寺</td><td>0.9</td></tr>
<tr><td>5</td><td colspan="2">E 吉水神社</td><td>0.8</td></tr>
<tr><td>6</td><td colspan="2">F 大峰山寺</td><td>7.4</td></tr>
<tr><td colspan="3">小計① 吉野・大峯（2004）</td><td>44.8</td></tr>
<tr><td colspan="5">② 熊野三山</td></tr>
<tr><td>7</td><td colspan="2">A 熊野本宮大社</td><td>10.8</td><td rowspan="8">752</td></tr>
<tr><td>8</td><td colspan="2">B 熊野速玉大社</td><td>47.6</td></tr>
<tr><td>9</td><td colspan="2">C 熊野那智大社</td><td>0.3</td></tr>
<tr><td>10</td><td colspan="2">D 青岸渡寺</td><td>0.2</td></tr>
<tr><td>11</td><td colspan="2">E 那智大滝</td><td>2.5</td></tr>
<tr><td>12</td><td colspan="2">F 那智原始林</td><td>32.7</td></tr>
<tr><td>13</td><td colspan="2">G 補陀洛山寺</td><td>0.1</td></tr>
<tr><td colspan="3">小計② 熊野三山（2004）</td><td>94.2</td></tr>
<tr><td colspan="5">③ 高野山</td></tr>
<tr><td>14</td><td colspan="2">A 丹生都比売神社</td><td>1.6</td><td rowspan="5">582</td></tr>
<tr><td>15</td><td colspan="2">B 金剛峯寺</td><td>61.4</td></tr>
<tr><td>16</td><td colspan="2">C 慈尊院</td><td>0.04</td></tr>
<tr><td>17</td><td colspan="2">D 丹生官省符神社</td><td>0.1</td></tr>
<tr><td colspan="3">小計③ 高野山（2004）</td><td>63.1</td></tr>
<tr><td colspan="5">④ 参詣道</td></tr>
<tr><td>18</td><td colspan="2">A 大峯奥駈道</td><td>149.3 （86.9km）</td><td rowspan="15"></td></tr>
<tr><td rowspan="2">19</td><td rowspan="6">B 熊野参詣道</td><td rowspan="2">1 中辺路</td><td>47.1 （88.8km）</td></tr>
<tr><td>51.1（100.2km）</td></tr>
<tr><td>20</td><td>2 小辺路</td><td>4.9 （43.7km）</td></tr>
<tr><td rowspan="2">21</td><td rowspan="2">3 大辺路</td><td>1.8 （10.0km）</td></tr>
<tr><td>5.1 （14.1km）</td></tr>
<tr><td>22</td><td>4 伊勢路</td><td>75.8 （54.2km）</td></tr>
<tr><td colspan="3">B 熊野参詣道 小計（2004）</td><td>129.6（196.7km）</td></tr>
<tr><td colspan="3">B 熊野参詣道 小計（2004＋2016）</td><td>136.9（212.2km）</td></tr>
<tr><td rowspan="5">23</td><td rowspan="5">C 高野参詣道
（旧 高野山町石道）</td><td>1 町石道</td><td>14.3 （24.0km）</td></tr>
<tr><td>2 三谷坂</td><td>1.5 （2.6km）</td></tr>
<tr><td>3 京大坂道不動坂</td><td>0.2 （1.5km）</td></tr>
<tr><td>4 黒河道</td><td>0.9 （10.3km）</td></tr>
<tr><td>5 女人道</td><td>1.2 （10.2km）</td></tr>
<tr><td colspan="3">C 高野参詣道 小計（2004＋2016）</td><td>18.1 （48.6km）</td></tr>
<tr><td colspan="3">小計④ 参詣道（2004）</td><td>293.2（307.6km）</td><td>9,120</td></tr>
<tr><td colspan="3">小計④ 参詣道（2004＋2016）</td><td>304.3（347.7km）</td><td>9,850</td></tr>
<tr><td colspan="3">合計 ①＋②＋③＋④（2004）</td><td>495.3</td><td>11,370</td></tr>
<tr><td colspan="3">合計 ①＋②＋③＋④（2004＋2016）</td><td>506.4</td><td>12,100</td></tr>
</table>

表1 構成資産一覧（2004年登録／2004＋2016年登録）

から那智勝浦間に所在する区間にあたることから、経路としての大辺路の完全性【註5】の向上に大きく寄与した。

闘雞神社は、田辺東部所在の独立丘陵北麓に位置する。社殿配置が一八八九年水害を罹災する以前の熊野本宮大社と同一、闘雞神社の旧名称が「新熊野闘雞権現社」、社殿後背の仮庵山に一三世紀の経塚が営まれるなど熊野三山と密接な関係性が想定される。

高野参詣道は、先述のとおり、三谷坂、京大坂道不動坂、黒河道、女人道の経路の範囲が拡張された。

三谷坂は、紀ノ川左岸山麓に所在する丹生酒殿(にうさかどの)神社から構成資産の一つである丹生都比売神社を介して町石道に合流する町石道の側副路である。その起源は一二世紀まで遡り、町石道の次に古い。沿道には、空海関連の伝承を残す石造物が多く遺存する。**京大坂道**は、紀ノ川沿いから高野七口のうち不動口に至る経路である。一四世紀以降次第に利用され、近世には町石道に代わって紀ノ川沿いからの経路のうち最も頻繁に利用された。**不動坂**は、現存する唯一の女人堂で京大坂道の終点にある不動坂女人堂の北側約二・七キロメートル地点から始まる急峻な坂道の区間を指す。**黒河道**は、紀ノ川沿いからの経路のうちで最短の経路で、大和方面や江戸時代に交通の要衝であった橋本からの参詣に利用された。しかし、起伏が非常に激しい経路のため、先述の京大坂道の方が短時間での参詣が可能であった。沿道には、参詣者に湯茶を供した茶所跡が遺存する。**女人道**は、一八七二年まで女人禁制であった高野山境内の外周に設けられた女人堂を女性たちが巡って山内を拝した女人堂巡りと高野山奥院背後の高野三山頂上に祀られる菩薩像を巡拝するための経路で、近世に成立した。

二〇一六年の軽微な変更により参詣道の延長が一三・〇パーセント、登録面積が一一・二パーセント増加し、参詣道延長が三四七・七キロメートルに延伸、登録面積が五〇六・四ヘクタールに拡張した

（表1参照）。参詣道の登録範囲が延伸して量的に拡張されたことにより、世界遺産の真実性【註6】と完全性の向上に大きく寄与した。また、二〇一六年には熊野参詣道中辺路や高野参詣道のように複数の派生経路が追加され、参詣道の登録範囲が拡張された。そのなかには高野参詣道女人道も含まれ、二〇〇四年の登録範囲が備えていなかった多様な参詣のあり方が世界遺産として認められたことから、量的のみならず質的にも構成資産が拡張されたと言えるだろう。

註

1 経塚とは、末法思想の影響で成立した作善行為の一種である。釈迦入滅後五六億七千万年後といわれる弥勒の出現を願って貴重な仏経典や仏像等を地下に埋納した遺構のことで、一二世紀に盛行した。通常、仏経典は、金属製の容器に収納されて埋納されるが、時に金属製、陶製の外容器に入れ子にされる場合もある。備崎経塚では、一一二一年の刻銘のある陶製の外容器が出土した。

2 金剛峯寺とは、狭義には一八六九年に興山寺と青巌寺の両寺が合併して成立した寺院を指す。

3 大辺路と小辺路という名称は、一六世紀前半の文献が初出でその名称の歴史は古くなく、中辺路という名称はさらに後出する。

4 「世界遺産条約履行のための作業指針」（以下、指針）の第一六三段落に規定される「資産の範囲に重大な影響を及ぼさず、その顕著な普遍的価値に影響を与えない変更」を指す。なお、指針には「境界線の重大な変更」（第一六五段落）も規定されている。

5 「Integrity」の訳語。世界遺産の構成資産がその顕著な普遍的価値を十分に満たすために求められる重要な指標（指針第七九～八六段落）。

6 「Authenticity」の訳語で「真正性」とも訳される。「完全性」とともに指針に規定された重要な指標（指針第八七～九五段落）。

参考文献

世界遺産「紀伊山地の霊場と参詣道」三県協議会『紀伊山地の霊場と参詣道』二〇〇五年

世界遺産「紀伊山地の霊場と参詣道」三県協議会『紀伊山地の霊場と参詣道保存管理計画』二〇一五年

世界遺産「紀伊山地の霊場と参詣道」三県協議会『世界遺産紀伊山地の霊場と参詣道境界線の軽微な変更に関する提案書』二〇一六年

高木徳郎『熊野古道を歩く』吉川弘文館二〇一四年

第二章　座談会

五十嵐敬喜　法政大学名誉教授
岩槻邦男　東京大学名誉教授
辻林　浩　和歌山県世界遺産センター長
西村幸夫　日本イコモス国内委員会委員長
真砂充敏　田辺市長
松浦晃一郎　前ユネスコ事務局長

世界遺産 熊野古道と紀伊山地の霊場

日本古来の自然観から世界平和へ

「文化的景観」の経緯

辻林　紀伊半島には修験道と仏教と神道という三つの霊場があり、それぞれが道でつながっています。また、霊場および参詣道沿いに自然景観がよく残されており、三つの霊場とも成立以来の宗教儀式を今日まで継承しています。しかも、残存状態がとてもよい。そこが世界遺産登録基準（vi）の「顕著な普遍的価値を有する出来事（行事）、生きた伝統、思想、信仰、芸術的作品、あるいは文学的作品と直接または実質的関連がある」にあたるとして、登録申請をしたのがこの世界遺産の始まりでした。イコモス（国際記念物遺跡会議）による評価も、私たちの考えに近く、それが登録に向けての大きな推進力になりました。

松浦　「紀伊山地の霊場と参詣道」が最初に登録された二〇〇四年当時は、私はユネスコの事務局長を務めており、日本で初めての文化的景観として着実に準備が進んでいくのを嬉しく思ったことを覚えています。

ヨーロッパには山そのものを崇拝の対象にするという考え方はありません。そのため、一九八八年に、ニュージーランドがマオリ族の崇拝の対象であったトンガリロ山（158頁）を複合遺産として申請した際に、生物の多様性の観点から自然遺産としては認められたものの、山を信仰の対象とする文化遺産としての登録は見送られました。

私は世界遺産委員会議長を務めた後、ユネスコの事務局長になり、一九九九年一一月に高野山の関係者から陳情書を頂いたこともあり、日本政府が「紀伊山地の霊場と参詣道」の推薦書を正式にユネスコに提案した時、イコモスが専門的見地からどのような評価をするか関心を持って見守っていたところ、日本政府の提案した推薦書のキーポイント二つ「信仰の対象としての山」と「文化的景観」の双方について、イコモスが非常にポジティブな評価をしているのをみて安心しました。その結果、二〇〇四年「紀伊山地の霊場と参詣道」の登録が世界遺産委員会で最終的に決まりました。

深い山々が重なりあう紀伊山地。多様な宗教を育み、日本人の精神的、文化的側面に大きな影響を与えてきた
写真協力：田辺市ツーリズムビューロー

二〇〇三年に私が音頭をとって無形文化遺産をつくり、ユネスコ総会において採択されました。そこで、翌二〇〇四年一〇月、奈良で「有形文化遺産と無形文化遺産の保護――統合的アプローチをめざして」という国際会議を開催し、「大和宣言」を採択しました。「大和宣言」は、世界遺産条約の「有形文化遺産」と、無形文化遺産条約の「無形文化遺産」の間の協力と提携を謳ったものです。

保全と活用は表裏一体

松浦　当時の文化遺産は単体の集合として捉えられていましたが、自然遺産には面積があります。同様に、文化的景観にも面積があり、それだけに保全と活用が難しくなります。今回の熊野古道も、自然遺産のようにしっかり保全をしなければなりませんが、同時に活用も必要です。この難しい課題をどのようにして考えていますか。

真砂　「紀伊半島の霊場と参詣道」は非常に広範囲にわたりますから、登録以前から、また登録直後からも、保全と活用についていろいろな議論をしてきました。難しい課題があることも事実です。

ただ、保全と活用は相反する、あるいは矛盾するかのように言われがちですが、熊野古道の場合は保全ができるから活用ができるし、活用ができるから保全ができると考えています。モニュメントを凍結的に保全する場合とは違い、人と自然が織りなしてきた文化的景観は、人が関わらなければ保全はできません。

ただし、地方はいま、人口減少も含めて人が自然と関わりながら生きることが難しくなっています。そこで、日々の点検や補修を森林組合に託したり、遺産を見に来た人に保全にも関わってもらう「道

真砂充敏・田辺市長

普請」を提案してきました。すでに、企業のＣＳＲ（社会貢献活動）の一つとして、山の手入れをする活動は実現しています。

また、構成資産の地域だけでなく、バッファゾーンにも山村集落が点在しています。そこにある棚田などは人が住むからこそ保たれる景観ですから、これを維持することもまた難しい問題です。

いずれにしても、文化的景観を保全するにはさまざまな方法を用いて人が関わらなければなりません。それが、持続可能な方法であれば、そこに活用が出てくると思います。

世界遺産は観光にもつながりますが、ただ、たんに人が大勢来て地元が潤えばいいのではなく、地域の理解を促し、経済効果が直接地域に還元されるような仕組みを考える。持続可能な観光地をめざさなければ活用と保全の両立は難しいと思います。

世界の平和を目指す連携

真砂　市長として行政の立場から見ると、今回の拡張には別の意味もあります。田辺市は、最初の登録の翌年、二〇〇五年に旧田辺市、旧本宮町、旧中辺路町、旧大塔村、旧龍神村と広域合併をしました。今回、旧田辺市の中心にある闘雞(とうけい)神社が追加登録されたことで、市の玄関から目的地である本宮大社まで、さまざまな情報発信が可能になりました。これは行政としてはとても大きな意義があります。

しかし、この意義について地元ではあまり意識されていません。そこで、現在、市内全ての小中学生を熊野の語り部ができるようにする「語り部ジュニア」（150頁）に取り組んでいます。小学生は日本語で、中学生は英語でも語り部ができるように年間を通じて学び、一年後に発表会を開きます。こうした積み重ねが、地元の意識の向上にもつながっていくと考えています。

さらに、世界遺産の巡礼路がある、スペインのサンティアゴ・デ・コンポステーラ市との連携も始めました。熊野の参詣道とサンティアゴの巡礼路はこれまで交流がなく、民族も文化も宗教もまったく異なりますが、「巡礼」という共通点があります。この共通点を発信し、世界遺産の最大の目的である「平和の文化」の創造に積極的に取り組みたいと考えています。

「文化の道」の原点と広がり

五十嵐　「道」が世界遺産の対象になりうることは、いまでは実証されていますが、最初の登録の頃は少し違和感を感じた人もいたと思います。そこで、道を世界遺産にするという発想はどこから来て、そこにはどういった価値があるのでしょうか。

西村　「文化の道」という概念が欧州評議会(カウンシル・オブ・ヨーロッパ)で謳われ始めるのは一九八〇年代からです。それを最初に具体化したのが、さきほどの「サンティアゴ・デ・コンポステーラの巡礼路」でした。

サンティアゴ・デ・コンポステーラの霊場は一九八五年に世界遺産になりました。その後、一九八七年にアミーゴス・デロス・パソス(道の友)という民間団体が、「文化の道」も大事にするべきだとヨーロッパ評議会に提案しました。

その背景には、フランコ総統によるスペインの独裁政権が終わり、一九七八年に民主化の時代を迎えるなかで、自分たちの文化の復興、文化のルネッサンスのようなことがありました。そのために彼らが目をつけたのが、サンティアゴ・デ・コンポステーラの「巡礼路」だったのです。その提案を欧州評議会が取り上げ、「文化の道」は欧州中に広がっていきます。こうして一九九三年、「サンティアゴ・

松浦　デ・コンポステーラの巡礼路」は、「文化の道」という概念と共に世界遺産になりました。つまり、「文化の道」はそもそもスペインの非常に強いイニシアチブで生まれたものです。それは単なる物理的な道というよりも、ある種の文化のネットワークであり、そこを巡礼することでいろいろな文化が伝わっていくものだったのです。

西村　かつて文化遺産は点で捉えられていたので、スペインも最初は点として「サンティアゴ・デ・コンポステーラの霊場」を登録しました。その後、全体を遺産として捉えようとする動きが出て、いま言われたような欧州評議会での動きを踏まえて、一九九三年に巡礼路という概念が導入されました。

松浦　ちょうどその頃、世界遺産委員会やイコモスでは、文化遺産の幅を広げるための議論を始めていた時期でもありました。文化遺産のそもそもの枠組みはヨーロッパでできたため、ヨーロッパのものが登録されやすい定義になっていました。グローバルに広げていくには、その概念を広げるべきとなり、近代建築、聖なる山、産業遺産といったなかに文化の道や文化的景観も入っていきました。

一九九八年の年末に、私が議長を務めた世界遺産委員会が京都で開かれました。そこに、フランスが「巡礼の道」を提出しました。世界遺産とするには当時のものが残存している必要があります。フランスはその点を意識し、「巡礼の道」と称していても、実際はロマネスクの教会などの点の集合で、「道」は含まれていませんでした。中世に歩いた道も多少は残っていたのかもしれませんが、舗装されていて、資産に入れられなかったのです。熊野古道も舗装されている道は登録から除かれていますが、同じ問題をこの時のフランスも抱えていました。

西村　現在、ヨーロッパには三〇以上の文化の道がありますが、「モーツァルトの道」や「ハンザの道」のように実際の道ではないところも多くあります。ただ、いろいろな都市とのつながりの道が連携していくなかで、平和を推進するプログラムとして、いまでも「道」は続けられています。

松浦晃一郎

「霊場」と「道」の組み合わせをめぐって

辻林　紀伊山地の参詣道を世界遺産にする発案はいつどのように生まれたか――。実は当初、三県はそれぞれの霊場を世界遺産にしようと動き始めていました。ところが、文化庁から、「同じような霊場がすでに世界遺産になっているので難しい」と言われました。その後、文化審議会の世界遺産特別委員会から、「霊場に道を加えて世界遺産に申請してはどうか」という提案がありました。

岩槻　これまでの説明で、なぜ「道」が世界遺産の対象になったかがよく理解できましたが、「霊場だけでは弱いので道も加えた」という経緯はちょっと気になります。

私は、熊野の霊場はまったく日本的な霊場だと思っていますから、同じような霊場が他に登録されていても、熊野の霊場が日本的なものとして登録されてしかるべきだと思います。しかし、世界遺産委員会ではそうした評価にはならないのですか。

松浦　姫路城がよい例ですが、一七世紀に建てられた城はいくつかありますが、姫路城だけが登録されました。霊場でも一つ飛び抜けたものが登録されてしまうと、ほかは独立して登録できません。さらにいえば、中世ヨーロッパでも日本でも霊場に行く道は重みを持っています。ところが、開発が進みすぎていると登録されません。富士山も本来なら一合目から入れるべきですが、五合目以上しか登録されなかったのは開発が進みすぎていたためです。

岩槻　霊場がすでに登録されていると、日本的な霊場というだけではオリジナリティがない、ということですか。

西村　霊場の一つひとつを見ると、神社建築や寺院建築です。すると京都があり、奈良があり、厳島神社や日光もあります。日光を登録する時に私は国際イコモスの執行部にいましたが、日本人からすると日光は非常に固有で素晴らしいものですが、海外からは「これまで何度もお寺を登録したのに、またですか」と言われてしまうわけです。

日本人の宗教観、自然観

岩槻　さきほど真砂市長がスペインとの連携で、世界平和を主張したいと言われました。その意味では、今度の三つの霊場は「人を介しての自然との共生」という点で共通するところがあり、そのことは平和という観点からも訴えられるべきだと思います。

こうしたことは、例えば京都の寺院などからは出てきません。その意味での唯一性は話題にはならなかったのでしょうか。

西村　「紀伊山地の霊場と参詣道」は日本で初めての文化的景観ですし、世界的に見ても文化的景観としては初期の登録になります。ヨーロッパ人が考える文化的景観は、農業景観のようなものです。しかし、熊野の参詣道はほとんど自然であるにもかかわらず、人間の道がきちんと含まれているという意味で、ヨーロッパで当時主流だった人たちにとってはたいへん新鮮でした。文化的景観の裾野を広げてくれる遺産という意味で、たいへん歓迎されたという印象があります。

真砂　三つの霊場は、互いに影響し合っていながら独立して現存しています。宗教は互いに対立しがちですが、紀伊山地の三つの霊場には独特の宗教観——日本人の宗教観があり、平和の表現であると思います。

熊野は民衆が開いた聖地ですから開祖もいませんし、三不浄と言われて卑賤視される死穢・産穢・血穢がすべて許されています。特定の権力者もいませんし、女性はもちろん、障害をもつ人も拒んでいません。いわゆる差別の思想がここにはありませんでした。これこそ平和の象徴ではないでしょうか。

西村幸夫

辻林　自然崇拝ですから教義もありませんでした。もともと神道はそういうものでした。霊場と生物多様性の関係については広い研究がなされていて、霊場が生物多様性を維持している例はアジアに多いのですが、なかでも日本のそれは際立っています。

岩槻　そうした霊場を持つ三つのグループが一体になっている熊野という日本人的な有り様は、景観といった審査基準には結びつきにくいのかもしれません。

熊野古道の視察風景（2016年7月）

世界遺産と川と電信柱

五十嵐　今回の参詣道では川も世界遺産になっています。これはどういった位置づけでしょうか。熊野川は見た目の景観としては必ずしも美しくはありません。私から見ると、一八八九年に移転した熊野本宮大社の旧社地「大斎原」の中州の方が圧倒的に聖地という感じがします。

辻林　平安時代以来、上皇の御幸のルートは本宮から新宮までの川を下っています。そこで、この川のルートも道の一つだという考え方です。

西村　文献資料がたくさん残っているので、歴史的にルートであったと証明できるわけです。そのため、三重県では川だけでなく、七里御浜という砂浜をルートとして確定し、登録しています。砂浜は当時とまったく変わっているはずですし、おそらく場所も変わっているとは思いますが。

五十嵐　気になるのは登録された川が荒れ果てていることです。コンクリートの道は認められないという一方で、ダムで水を止め、景観も含めて荒れ果てている川をよしとしているところに疑問を感じます。道は価値があるから守ろうというのはわかりますが、世界遺産になったから川を守ろうという意見は出ていますか。

もう一つは、道との関係があるからと「湯の峰温泉のつぼ湯」までも世界遺産になっていますが、どこまで広がっていくのだろうかという懸念もあります。

西村　熊野川周辺の護岸整備では、橋をつくるなどずいぶん工夫をしているようです。また、つぼ湯は巡礼者の行動のパターンに含まれるので入れています。巡礼という枠がありますから、無限に広がっていくことはないはずです。

松浦　道で気になるのは、二〇〇四年にイコモスの評価のなかにあった「ディスコンティニュイティ」、つ

五十嵐敬喜

まり道が途切れているという点です。今回の追加登録で全てとは言いませんが、かなりつなぐことができたとは思いますが。

もう一つは電線についてです。電線は岩手県の平泉でも問題になったように、各地で問題になります。ヨーロッパではほとんどが地下に埋設されているため、電柱を立て電線を渡しているのは非常に日本的な現象ですが、そこは改善されていないような気がします。

辻林 高野山では登録の前年くらいから電柱の地下埋設を始め、メインの通りはほぼ終わっています。

西村 そうした前例が、電線の地下埋設を進める力になっています。「ディスコンティニュイティ」に関しては、今回の拡張登録である程度つながったと評価されていますし、イコモスも評価しています。

復元はできるだけもとの形に

岩槻 保全についてですが、雨が降ると滑りやすい古道があると聞きましたが、もともとは滑りやすくはなかったのではないでしょうか。

辻林 もともとは石敷きだったのですが、石が抜かれてしまったため、それをもとに戻そうと近年になってから整備事業で修復しました。その結果、滑りやすくなってしまいました。

岩槻 復元する以上はもとがどうであったのかを調べる必要があります。いまの考えで進めた結果、しばしば復元にならないことがあります。慌てて復元せずに、もとの形がわかるようにした方がよいと思います。

辻林 付近に同じようなところがあれば調査をし、どういうやり方をしていたかを調べて、それに近いかたちでやるべきだと思います。この整備を行った昭和五〇年代は、文化庁が「古道を歩き、周辺の文

化財にふれることを通じて地域の歴史文化への理解を深める」という目的のもと「歴史の道事業」が始動したばかりでした。それを受けて、復元よりも整備として修復してしまいました。最初に取り組んだために、結果的に悪い修復例になってしまったのです。

西村　当時はまだ熊野古道を文化財というよりも、歴史の道を整備して多くの方に歩いてもらうという主旨だったため、そこまで考えていなかったのでしょう。

整備事業で修復された熊野参詣道中辺路
箸折峠の石畳

ふるさと納税を維持保存の資金に活用

五十嵐　維持保存についてですが、今後の日本の人口動態を調べてみると、二〇四〇年には多くの集落や小さな自治体が、特殊な例を除いて消滅していく時代になります。その一方で、世界遺産は永遠に維持保存されなければならない。そこをどう調整すればいいのか。

一つのアイデアとして、世界遺産の維持保全に限定して、「ふるさと納税」を積極的に使ってはどうでしょうか。例えば、今年はこの道を直す、御堂を修復したい、長期計画としてはこうなっていますと知らせる。この堂を修理するにはいくらかかる、この修理にこれだけ使いました、場合によっては職人さんに図解してもらってもいいでしょう。こうした計画のもとで進めていて、いまこのくらいの金額が集まっていますとわかれば寄付しやすい。現代的なツールを使って発信し、資金を集めてはどうかと思います。それを取り掛かりにして、世界遺産の維持管理についての世界的な共有が、広がることになれば素晴らしいと思います。

真砂　田辺市の返礼品は梅干し一本ですが、これが売れ始めたため、「他の産品も入れたい」という地域の声を反映して対象品を広げました。一方で、納税されたお金の活用についてはいくつか選択肢を設け、「世界遺産の保全」という項目も入れています。実際に「返礼品は梅干しで、寄付金は世界遺産の保全へ」を選ぶ納税者が大勢います。

たしかに、道普請と同じように、納税を通じて自分が世界遺産の保全に関わっているという情報は必要です。今後、自分の出したお金がどんな形で保全につながっているのか、どう使われているかは納税者に伝わるようにしなければならないと思います。

五十嵐　二〇一二年一一月に、世界遺産条約採択四〇周年記念大会が京都で行われました。この会議で、世界遺産の保全に関しての議論があり、国家や自治体だけに頼らず地域コミュニティも協力するという提案がありました。抽象的なアイデアとしてはその通りだと思いますが、具体的に考えると、消滅するかもしれない地域で保全に関わりましょうといっても難しい。何か新しいアイデアがないとできません。

松浦　田辺市では、一〇万円以上のふるさと納税をすると、市長自らが世界遺産を案内するサービスがあるそうですね。とてもいいアイデアだと思います。

真砂　高額なので、選ぶ人はいないだろうと思っていましたが、予想に反して去年は八名の応募がありました。

道普請の始まり

西村　道普請が順調で、他の地域からの視察が多いそうですが、最初の発想はどこから来たのでしょうか。

辻林　最初の登録後に、傷んでいる道の修復と普及啓発という二つの課題に直面しました。その解決方法を二年間考え、三年目にまず手がけたのが道普請でした。最初は私や市の担当者、NPOのメンバーなど六人くらいで週に一日少しずつ修復していました。ある時、道を歩いていた方から、何をしているのかと尋ねられ、「道普請です」と答えたのですが、道普請という言葉が通じない。説明しているうちに、「私にもできますか」と問われ、「では一緒にやりましょう」となった。しばらくして、その人

地元の中学生や住民と道普請を行う辻林氏（右端）

が勤める会社から「二〇人くらいで道普請をしたい」連絡がありました。当時私たちには予算がなかったので、「木は間伐材を使いますから費用は掛かりませんが、土を買う代金と参加者の交通費は自己負担になります」と答えたところ、「それは構いません」と参加してくださいました。

これがきっかけとなり、どんどん広がっていったというのが実際のところです。ただ、当初から、参詣道の修復は誰でも参加できるのが特徴だと考えていましたから、それを生かさない手はないだろうとは思っていました。

西村　現在、どのくらいの人が参加していますか。

辻林　登録している約六〇団体が年に一度道普請に来てくれます。しかし、企業の場合は休日しかできないので、荒天で中止になることもあり、実際の活動は毎年四〇～五〇団体、人数にすると年間七〇〇～二〇〇〇人です。八割の団体が当初から活動を継続しています。

問題は、私たちが始めた当初は地元の住民も一緒に作業をしたのですが、企業の道普請が増えてくると、徐々に離れてしまったこと。そこをこれからどうするか思案中です。

西村　拡張登録の時に、あまり人が行かない山道を登録するので観光公害が起こるのではないかという声がありました。その時に、実際に世界遺産マスターや道普請をしている人から「登録した方が守ることになる」との主張がありました。道を守る一番よい方法は通ってもらうこと、活用と保全はセットだとおっしゃいました。それで、この観光公害問題は解決しました。

辻林浩

人口減少のなかでの維持保全

岩槻　視察で廃村の道を見ましたが、こうした状況は今後も当然起こってくると思います。人が住んでいる村落ではなんとか保全できても、廃村になったらどうするか。いまから考えておく必要があります。外から来る人の利用で踏み固めるだけで保全できるのかどうか……。

辻林　文化的景観にも関わりますが、休耕田が増え、草茫々の荒れ地も出てきています。ある企業に田植えと稲刈りを依頼していますが、普段の草取りなどは地元の人の協力を得ています。このように地元住民と外部からの参加者の両方がうまく参加できるような仕組みができれば、廃村になった場所にも対応できるかもしれません。

旧本宮町では、「盆と正月に帰ってくるから」と、放置された家がたくさんあります。帰省時をうまく利用できないか。また、故郷を離れた人が老後に戻ってくることも期待して、それまでの間をつなぐ方法はないか。いまのうちに考えなければと思います。

岩槻　九〇年代までは、盆と正月には人が集まり祭もできたようですね。

辻林　祭は今も続いています。それを途絶えないようにするにはどうすればいいか。

本宮道の川の集落跡。古道沿いに朽ちた家屋が残る

五十嵐　盆や正月に帰るのは墓があるからでしょうが、最近は自分の墓を故郷につくらなくなっています。この影響はかなり大きいと思います。

辻林　中辺路町の湯川王子を拠とする湯川氏は、室町時代に和歌山で唯一の戦国武将(紀伊亀山城主、湯川直春)を出した家柄ですが、彼らはいまでも年に一回、誰も住んでいない集落に集まり祭祀を行っています。湯川王子社があり、集落跡に代々の墓があるからだと思います。人が離れても、また集まって昔を思い出せるような空間や風景を、道を含めて整備する必要性も感じています。

災害と保全

西村　もう一つの課題は、台風などによる災害です。かつての道は災害のたびに、おそらくルートが変動していたはずです。災害までを含めて保全するシステムが必要ですが、文化財は地番で指定されていますから、制度上もとの場所に戻すことが求められます。いまの文化財の仕組みは、基本的に未来永劫「不動」が前提になっているからです。しかし、道の場合は場所よりも機能が重要ですから、機能を優先させるような仕組みも必要かもしれません。

辻林　道は人が常に通るので、崩れればすぐに迂回路をつくります。それも含めて、これからの道の活用と保存を考えていかなければならないと思います。

松浦　災害には地震もあります。大地震が来ると道だけでなく本宮大社も心配です。これまでに本宮一帯で大きな地震の発生はありましたか。

辻林　近いところでは、一九四四年に東南海地震(マグニチュード七・九)が、四六年に南海地震(マグニチュード八)がありました。

真砂　ただ、両方とも海溝型地震でした。紀伊半島は直下型を経験したことがないので心配しています。

五十嵐　熊野古道の場合、民間所有地もあれば、市道、町道もありますから、所有者によって管理形態や、補修にたいする補助金の規模が大きく異なります。世界遺産の道の保全として考えるなら、縦割り行政を越え、一体化して守っていく仕組みが必要です。

例えば、一回ごとに補助金を申請するのではなく、道を守る基金のようなものがあり、そこに市町や県の補助金がプールされ、災害時には自由に使える。さきほどの道普請と寄付金の使途の一体化を考えることも一つの方法ではないかと思います。

辻林　企業からの寄付金は、保存のためだけに使うことにしています。民間からの資金は使途も自由ですが、常に期待できないところが難点です。

台風12号（2011年9月）で水没した本宮の町並み。右手は大斎原の大鳥居

台風12号による那智山周辺の土砂災害。後方は青岸渡寺三重塔

五十嵐　道の所有も、権利者が増えたり、反対に途絶えることもあります。過疎化と合わせて考えなければならない課題でしょう。民間と行政が一体となり、資金の仕組みや共同で運用する仕組みを考えないと、持続可能な保全になりません。

自然林と人工林のバランス

岩槻　本宮は、もともと熊野川の中州にあった社を、明治二二（一八八九）年の洪水で移転されました。それ以前にも洪水はあっただろうに、なぜこの時は移転したか疑問に思っていましたが、ある文献に、昔は山の木を伐らなかったから洪水が起こらなかったが、明治になって急激に伐採したので大洪水が起こったとありました。これは本当ですか。

辻林　当時、上流の十津川村で大規模な伐採があったことは事実です。

岩槻　では、中州に建て替えずに、なぜ移転したのでしょう。

辻林　江戸の文献に水害被害で本社が流される恐れがあるといった記述が出てくるので、以前から浸水はあったのではないでしょうか。ただ、時代とともに河床が上がって徐々に水害が大きくなり、回数も増え、明治の大きな被害に遭遇したので移転したのではないでしょうか。

真砂　山の木と水害の因果関係の立証は難しく、よく自然林は強いけれど人工林は弱いと言われますが、より大きな問題は雨量だと思います。一八八九年の文献を見ますと、三日ほどで九〇〇ミリほどの雨が降っています。五年前の台風では四日間で二〇〇〇ミリを記録しました。

岩槻　大塔山系で伐採が進んだ時に、地元の人々は車が出入りできる林道を造れば木の搬出をしやすくなり、当面の経済につながると非常に積極的でした。それに反対する保護団体との大きな軋轢も生みま

岩槻邦男

した。結局、知事の裁定で一部だけを残して広い場所は伐採しましたが、長いタイムスパンで見ると本当に得になっていたのかどうかという疑問も湧いてきます。

自然林をいったん人工林に置き換えてしまうと、もとに戻すことはほとんど不可能です。保全を考える際には、そういう意味での保全の視点も入れておく必要があるだろうと思います。

西村　人工林はよく悪者にされますが、例えば、江戸の建物が熊野の材木を使用していたように、熊野の人工林には古くは四〇〇年の歴史があり、その間ずっと継続されてきた。おそらく日本で最も長く続いてきた林業経営がある地域です。熊野古道は林業にも使われていました。そうしたサステナブルな林業のあり方が景観をつくり上げている面もあると思います。

真砂　山の植生について、昔の人は「天空三分」と言い伝えてきました。これは「三割は人工林にせずに自然のままに置いておけ」という教訓です。ところが、田辺市では全て人工林にしてしまっている山が多く、手入れがされないスギやヒノキなどの植林木は、ずっと小さいままで「万年小丸」と呼ばれています。そこで田辺市では、手を入れた分だけは伐って自然林に戻していこうという取り組みを独自に始めています。一〇〇年はかかる、気の長い話ですが。

熊野から世界に向けて共生の思想を

岩槻　過去に行ってきた未来の世界遺産をめぐる座談会では、世界遺産になるにはどうしたらよいかという議論が中心でしたが、今回は登録後のメンテナンスなどが議論になり、これまでとはまた違った有意義な議論になったと思います。

そのなかで特に私が注目したのは、真砂市長が「紀伊山地の霊場と参詣道を平和につなげたい」と

真砂　語られたことです。世界遺産の重要な目的ですが、これまでそういう話があまり出てきませんでした。具体的にどう実行していくのか、何がビジョンがありますか。

松浦　さきほどのスペインとの交流は、そのうちの一つです。しかし、具体策となると容易ではありません。ただ、熊野の世界遺産の意義を語る時には、常にそのことを強調していく。それを続けていくうちに、地域の人たちが平和と遺産のことを語れるようになっていくことが理想だと思います。

千数百年前に、世界の東と西の端で人類が同じように、巡礼の道を歩いていたという事実は注目されるべきだと思います。人は自分の身近な人のことを祈るように、世界平和も祈りますから、その共通点を強調していきたいと思います。

真砂　私が熊野古道の視察に行って嬉しく思ったのは、外国人、特に欧米人がかなり来ていて、実際に長い距離を歩いていることです。話してみると「楽しい」と言っていました。サンティアゴ・デ・コンポステーラ市との連携はとてもいいことですが、その霊場を見るだけでなく、日本人もサンティアゴ・デ・コンポステーラの道を歩いてほしいと思います。

二〇一五年に、サンティアゴ・デ・コンポステーラの巡礼路と熊野古道を巡る「共通巡礼手帳」をスペインと共同でつくりました。現在、世界で約二七〇名が達成しています。二〇一六年からは、二つの聖地を歩いて巡礼した人に証明書の発行も始めました。こうした試みが広がっていくことで、少しずつ互いの理解が進むのではないでしょうか。やはり歩くことが大切です。

西村　歩くことで違う文化を知ることができ、相互理解が深まりますし、平和ともつながってくるはずです。

岩槻　私は、熊野の三つの霊場が一つにまとまっているのは、やはり共生、共生きの思想があるからだと思います。いまは環境問題でもなんでも「持続的な利用」と言われます。しかし、持続的な利用とは、人が資源をどう利用するかという視点であり、人間主体の傲慢な言い方のようにも思えます。

日本人はそうではなく、人は自然の一つのエレメントであるという共生きの思想を持っています。そして、共生きをすれば必然的に持続的になります。初めから持続性を求めるとそれが目的になりますからできるはずはありません。こうした思想を熊野から発信することも大切だと思います。

西村　それが教育につながるとなお素晴らしい。

辻林　私たちは次世代育成事業として、毎年、和歌山県下の小学校から高校まで二〇校前後を対象に、こちらがバス代を負担して当地に招いています。子どもたちは座学をした後で、現地を歩き、世界遺産の道を知ります。その時には、ユネスコ憲章の一番大事なこととして、必ず平和の話もしています。

西村　世界遺産の保全においては、かなり長い視野をもって取り組んでいかなければなりません。それが私たち人類にとってとても重要なことだと思います。

共通巡礼手帳。熊野本宮大社の社務所とサンティアゴ大聖堂の巡礼事務所でスタンプを押せば、巡礼達成となる

達成者に渡される証明書

座談会を終えて（2016年7月28日、東京都内）

第三章　紀伊山地の自然と信仰

紀伊山地の自然と熊野古道

岩槻邦男
東京大学名誉教授

はじめに

個人的な経験から稿を始めさせていただく。わたしが大学で植物学を専攻するようになった一九五〇年代中葉というと、戦後の混乱がまだ治まっておらず、汽車（蒸気機関車に牽引される列車）に乗る遠距離の旅行はまだたいへんだった頃である。シダ植物との取り組みを始めたわたしは、那智など、南紀を訪れることがよくあった。夜一〇時天王寺駅発の夜行列車で新宮に向かい、南紀のどこかで早朝から一日野外調査をし、その日の夜一〇時に新宮駅を出る夜行列車の固い座席に座った姿勢でぐっすり眠って帰り、収集した資料の整理に朝から精を出す、というような旅も、何度か経験したものである。

一九七〇年代に入った頃、大塔山系の森林の伐採が進行している状況に対応して、この地域の植物、植生の基礎的な調査が推進され、わたしも、当時の研究仲間といっしょに、少しだけ協力した。調査の中心人物は、田辺在住の林業家真砂（まなご）久哉氏だった。シダ植物にも強い関心をもっていた真砂さんは、森と植物を愛する林業家だったが、残念ながら還暦を目前に世を去られた。真砂さんらの努力もあって、大塔山系の森林への営為は部分的に止まり、皆伐は免れた【註1】。
田辺市といえば、神社合祀にともなう鎮守の杜の破壊に抗した南方熊楠（一八六七〜一九四一）の抵抗運動が歴史に記録されている。直情径行に走る傾向のあった彼の活動が、柳田国男らの助けを呼んだことも、日本における自然へのかかわりは、狭義の自然科学者の課題にとどまらなかったことを示している。

紀伊半島の森林はその多様性の豊かさに注目され、活用されてきた。しかし、最近では、日本でも、自然に対する真摯な畏敬のこころを失い、自然界の万物を資源としてしか考えない傾向が強まった。だから、意識して自然環境の保全に努める必要が生じてしまったのである。

熊野古道が世界遺産に登録されたのも、この遺産の貴重さを再確認するきっかけづくりであると同時に、往時のすがたが失われようとしていることに認識をあらため、遺産としての保全に努めようという呼びかけでもある。わたしの個人的なささやかな経験も、紀伊山地の自然を知るというだけでなく、その価値を認識するにいたる行動だったことを思い出す。そして、その基盤では、わたし自身が積み上げてきた自然の観察と解析が、地域の文化はその地域に住む人々とのかかわりなしにはあり得ない、との認識につながってもいた。

日本列島の自然と紀伊半島

日本列島の植物の分布について、植物地理に関心の深かった小泉源一（一八八三〜一九五三）は、日本の植物分布帯の指標として、「襲速紀要素」と呼んだ種を列記した【註2】。九州、四国から紀伊半島にかけて分布する固有種が数多く認識されるとしたのである。植物地理学では、解析の手法が限られていた頃には、現生種の分布の状況を類型化し、そこから分布の起源を推計する手法が用いられたことがあった。

襲速紀というのは、この分布型を示すために造語された表現で、襲は襲（そ）の国（九州南部、熊襲（くまそ）の襲）、速は速吸瀬戸（はやすいのせと）（豊予海峡、速水瀬戸と表記されることもある）から、そして紀は紀伊の国（和歌山県と三重県南部）の紀をあらわしている。九州中南部から、四国を経て紀伊半島に連なる地域を示す。この地域に限定された日本固有種を襲速紀要素の植物と呼んだのである。

小泉が襲速紀地塊全域に分布すると列記した植物は、イヌトウキ、ヤハズアジサイ、ハガクレツリフネ、ズイナ、トサノミツバツツジ、ツクシシャクナゲ、ツクシアカツツジ、センダイソウ、タマカラマツ、ミヤマガンピの一〇種で、他に紀伊半島のカワゼンゴ、キシュウギク、ホソバツルツゲ、オオミネコザクラ、ウスギナツノタムラソウ、紀伊半島と四国に分布するコモノギク、シチョウゲ、トガサワラ、ミヤマトウヒレンもこの類型に含まれるとした。

ここは植物地理のその後の展開や、今の知見に触れる場ではないが、注意したいのは、紀伊半島は植物の進化にとって、独特の様相を見せる場であり、その歴史の結果が、現生の植物相にはっきり示されている点である。最近における急速な地球温暖化にともなう不自然な植物種の分布帯の変動が見られる前から、自生種の進化の状況を読み取る上でも、紀伊半島は重要な場であったし、それだけに基礎的な調査研究が積み上げられてきた場でもあった。

欧米での調査研究を体験してきた南方熊楠が、帰国後、自家のあった紀北の和歌山市に定着せずに、田辺に住んで南紀を広く歩いたのも、天才的な嗅覚で、この地域の自然の意味を捉えていたからに違いない。

紀伊半島が、生物多様性豊かな日本列島のうちでも、とりわけ植物相の豊かさに恵まれているのは、自然の恵みを受けてのことであるのはいうまでもない。県北部は瀬戸内海式気候帯にあるが、南部は豊かな降雨量に恵まれ、東南部では年間降雨量が四千ミリに達する。さらに、黒潮海流の恩恵を受け、気温も高い。半島には大台大峰山系の、最高峰は一七一九メートルに達する山系が走り、地形も複雑である。高温多雨に恵まれ、地形が複雑なのだから、植物にとっては応えられない。豊富な植物相が展開するはずである。当然、そこに棲みつく動物や菌類も多様となる。

木で覆われた国土をつくるためには、植物にとって不可欠の水の働きが期待される。そこで、この地域に住んでいた人たちは、水に関わる神を祀った。なにしろ、神武東征の頃にもそれなりの文化が発達していた(ことになっている)地域である。

熊野信仰の本拠である熊野本宮は、創建が崇神天皇の御代の紀元前一世紀という説があるが、詳細は不明である。もとは熊野川の中州、今の大斎原にあったが、一八八九(明治二二)年の大洪水で社殿が流されて、少し山手に寄った現在の位置に移された。明治になって奥地の森林伐採が進み、大洪

ハガクレツリフネ(上)とトサノミツバツツジ
撮影：武田義明
写真協力：兵庫県立人と自然の博物館

伏拝王子から熊野川の中州を望む（鳥居右手の社が大斎原） 写真協力：田辺市熊野ツーリズムビューロー

水が生じたと説明されているが、その前二千年の間熊野川に氾濫がなかったとも、にわかには信じがたい。最近は暴れ川になることがめずらしくなく、一九五三年、二〇一一年の大水害は記憶に新しい。熊野は「ゆや」と発音されるし、大斎原は「おおゆのはら」である。木（紀）の国は湯→水を離れて考えられないことから、熊野本宮大社は水に関わりのある神であると説明されることもある。もしそうなら、大斎原を離れた現在地で、神様は居心地が少し悪く過ごされているのかもしれない。

熊野本宮の主祭神である家都美御子大神（けつみみこのおおかみ）は素戔嗚尊（すさのおのみこと）とされ、他の解釈のうちには、その子五十猛命（いたけるのみこと）とする説もある。「日本書紀」の神代の巻にも、素戔嗚尊の子、五十猛命と二人の妹神はたくさんの種子をもって紀の国に向かわれたとある。紀の国の豊かなみどりは神話の時代から日本人が理解してきた話である。

植物がよく育つことは、森林の発達に典型的に表われる。紀の国は木の国をベースにするといわれるが、南紀の森林の豊かさはよく知られるところである。大台、大峰が著名だが、大塔山系の美林もまた素晴らしかった。

倭の国の人たちの見た紀伊半島

近代植物学の視点だけではない。日本人は、四万年前といわれるそのはじまりの頃から、自然と共生する生き方を列島に刻んできた。

すでに神話の時代から、紀伊半島は日本国の歴史に重要な役割を果たす。神武東征は、生駒山越えの東向けの行進に苦難が多く、五瀬命（いつせのみこと）を喪うことになったので、熊野から西（北）に向けた進路を取った。車で移動するのがふつうになった今では、山奥の歩道は進むに不便な道と意識されるが、どうせ足にしか頼る術のなかった上代には、北山境を越えて大和に向かう道も、国道級とはいわないまでも、人の往き来するいい道だったのだろう。

その後も、壬申の乱の時、吉野を脱出して東に向かった大海人皇子（おおあまのおうじ）一行の行動にも、静御前と別れて吉野の山を脱出した源義経一行の移動経路にも、さらには本能寺の変の情報に接して、滞在していた堺から東に向けて脱出した徳川家康一行の逃避行にも、紀伊半島はそれぞれ日本史に記録される劇的な動きを見せる舞台となっている。

そして、神武東征以来の言い伝えは、後にかたちが整う熊野信仰のための施設を整えるが、これももとをたずねれば、「役小角（えんのおづの）」と呼ばれる天才が、後の修験道の精神的支柱となるように、日本人の自然観が思想体系をとる際の、典型的な古典的例示となったことを思い出させる。空海も山岳信仰の影響を受けていることから、真言密教の拠点を高野山に開創した。

歴史を振り返れば、熊野三山と吉野・大峰、それに高野山は、日本古来の神道と、修験道、それに中国を経て招来された仏教が合体し、本地垂迹（ほんじすいじゃく）の思想を育て、日本人の宗教観、自然観の根幹を整えた舞台である。江戸末期以来の偏った平田神道を伝統的な日本の宗教と伝えてきた偏向は、初心に戻って正しい理解に従いたい。ここにこそ、人と自然の共生という日本人の自然観が結晶していることを認識して。

平安時代以後、上皇をはじめ、多くの貴人が、時間をかけて熊野古道を熊野本宮に向けて頻度高く参詣した。不便な道だったと考えるのは現代人の狭い認識なのだろうか、物流の方法も今とまったく違っていたことを思ってみる必要がある。安全安心を祈る最大のよりどころは、科学技術ではなく、信仰だった。軟弱な現代人と比べれば、歴史時代の人々は熊野古道を歩くのも、銀座を逍遥する程度の作業だったといっても誇大な表現ではあるまい。

ただし、歴史時代の信仰は、酷しい参詣道を経て参詣することで、いっそうのありがたさを感得した。現在の人々が、古道を復元、整備して、歩きやすいところだけで平安の人々の苦労を汲み取ろうとしても、当時の物流の限界までを体験することは困難である。

熊野古道の世界遺産登録に向けて地元で活発な活動が展開されていた頃だから、一九九〇年代の後半だった。その頃、文化庁の審議会のメンバーとして、天然記念物などのモニタリングのための現地調査に参加したことがあったが、あるとき、調査の一環で奈良県を訪れた。文化庁の調査だから、県側の対応者は教育委員会である。打合せで訪れた建物の中には、「紀伊山地の霊場と参詣道」を世界遺産に、などと大書されたポスターも貼られている。わたしはユネスコ国内委員会の委員になって間もなくで、MAB（人間と生物圏計画）の生物圏保全地域（今ではエコパークという日本語の方がよく通じるようになっている）の周知に努めようとしていたところだったので、その時の調査対象ではなかったものの、対応してくれた人に、同じユネスコの指定地域である大峰・大台にはどういう対応をされているか訊ねたら、生物圏保全地域というもののあることさえ知られていなかったのには驚いた。と同時に、世界遺産に登録するという目的だけが、確実に独り歩きしていることを知らされたのでもあった。

熊野古道は保全されていた——大峰奥駈と中辺路

シダ植物を研究材料に選んだわたしは、最初は近畿でも南部で材料を蒐集することが多かった。尾鷲（おわせ）から、新宮、那智など、南北牟婁（むろ）郡へはよく訪れた。高野山へも、日本シダの会が第二回の全国採集会（一九五五年当時はこういう呼び名のもとに集まったものだった）を催した際、まだ学部学生だったが、皆さんの尻尾にくっついて参加した。

大峰山系の奥駈道で植物調査をしたのは、わたしの成人の日を挟む日々で、もう六〇年より昔の話になった。山上岳から登って、前鬼へ下る道を奥駈けた。その調査紀行が、謄写版刷りだった『しだとこけ』の第六号(一九五五)に掲載されている【註3】。

紀伊半島の自然は早くから保全の対象とされている。半島中南部の脊梁をかたちづくる吉野熊野山地はもう八〇年も前の一九三六年に国立公園に指定されており、遅れて一九四六年には伊勢志摩国立公園も指定されている。国定公園では高野龍神国定公園があり、ここで考える紀伊半島に含めるかどうか、室生高原・赤目渓谷国定公園、三河湾国定公園、鈴鹿国定公園なども、国定公園群の顔ぶれである。

大峰山脈の最高峰、仏経嶽(八経ヶ岳)のシラビソ林。国の天然記念物に指定されている

吉野熊野国立公園の中核の大台大峰山系は、ユネスコＭＡＢ（人間と生物圏計画）の生物圏保全地域に登録されてもいる。大峰奥駈道は二〇〇二年には国の史蹟に指定された。

他にも、今ではさまざまな法の網をかぶせて、過度の開発を抑える努力がなされている。法の規制などなくても、自然とうまく共生してきた明治以前の先輩たちから見れば、自分たちで自分たちをしばらなければ自分たちの安全を護ることさえできない現在人は、まるで野蛮人のように見えるのだろうか。

しかし、法の網をかぶせられることで、地域の環境は辛うじて保全されているところである。熊野古道が世界文化遺産に登録されたのも、さらに復元、保全の努力が重ねられているところが資産の拡張の対象となったのも、それ相応の努力が評価されたためでもある。先祖たちが維持してきた長い歴史の址を、今の世であらためて体験、感得するために、世界遺産に登録されることは大きな意味をもっている。登録された以上、その遺産を味得し、維持するのは現代人の名誉ある義務である。それも、規制のための法や条例を頻発するのではなくて、住民や来訪者の遺産を尊ぶこころが発露となって整ったかたちの保全につながるようであってほしい。

南方熊楠の見た紀伊

紀伊田辺との関連で自然を語ろうとすれば、南方熊楠をキーワードにして理解できることは多い。アメリカとイギリスで、特異な経験を重ねてきた南方は、帰国してから、田辺に住まいを求め、土地の女性と結婚してすっかり地元にとけ込み、南紀の生き物たちとともに生きて彼らを観察した。家業を継いだ弟の手厚い助けを受けたとはいえ、自然探求者として独自の道を生き続けた南方は、真の在野の自然探求者であり、よく対比される牧野富太郎が、矢田部教授らと対立して両三年ほど離れただけで、七七歳まで半世紀近く東京大学の禄を食んでいたのとは違っている。

田辺に住んだ南方は南紀の植物、菌類を詳しく観察した。もっとも、観察した個々の生き物については正確な記録も取っているが、生物多様性を総体として捉えることは期待もしていない。それでいて、個別の種を総合して、そこに生きる多様な生き物たち、その背景としての四次元的な自然の総体を、曼荼羅として意識したのは、彼の科学的卓見というよりは、天才そのものだったのだろう。

話は逸れるが、田辺市によって南方熊楠賞が創設されたのは一九九〇年だった。この賞は、人文系と自然科学系の二部門に分けられており、原則毎年交替に授賞されるが、第一回の一九九一年は両部門の選考が並行して行われた。わたしは初年度から選考委員を仰せつかっていたが、人文系の審査委員には鶴見和子さんがおられた。確か授賞式の時だったが、鶴見さんは、会場に到着された時、やや興奮した面持ちで、空港に着陸するまでに下界に見た景観は、南方のいう曼荼羅の模様を見事に描き出していたようだった、とおっしゃっていた。九二年には『熊楠曼荼羅論』を刊行しておられる。

ちなみに、自然科学系の第一回受賞者は神谷伸郎さんで、鶴見さんと神谷さんは、太平洋戦争開戦時にアメリカに滞在されており、同じ日米交換船で帰国された仲間だったそうである。鶴見和子さん自身も、第五回(一九九五)の人文系の受賞者で、この時には弟の鶴見俊輔さんも同伴者として授賞式に出席された。

授賞式は春だったから、鶴見さんが機上から見下ろされた景観は、紀伊半島の植生の多様な構成種の若葉が見せる多彩で変化に富んだ模様だったのだろうか。けだし、紀伊半島の植生には、種ごとに個性のある色、かたちの樹冠が混じり合って曼荼羅模様をつくる。それは単一種で同じ色、かたちの樹冠を並べる北欧や北米の景観とは違っている。

鶴見さんはすでに『南方熊楠　地球志向の比較学』で、熊楠が高野山の土宜法竜(どきほうりゅう)宛に送った書簡にある森羅万象相関関係図を南方曼荼羅と喝破し、これは「南方における、ヨーロッパ近代と古代仏教との対決の結果として結実した、ひとつの統合のモデル」と説明される【註4】。その思索の背景に、紀伊半島の植生が描き出す景観が作用していると解釈されたのだった。

襲速紀要素で代表されるような紀伊半島の植生と比べると、やや北に寄るとはいえ、高野山も樹冠が曼荼羅模様を描き出す場所にある。山岳宗教の拠点という地理に惹かれてそこに修行道場を開創した空海も、同じ景観を見たはずである。曼荼羅の創始者になぞらえられる西安は青龍寺の恵果に教えを乞い、曼荼羅をはじめ多様な密教仏具などを招来した空海だったが、曼荼羅のよき理解者となった空海とその後継者たちは、多様な景観を描き出す日本の自然に抱かれて育ったためにその理念を理解しやすかったといえるだろう。事実、密教は、台密にしろ東密にしろ、日本でさかんになるが、中国では恵果の正当な後継者は見られない。天才に見出された概念が、景観に護られた日本で展開するということなのだろう。

神社合祀への反対運動をしていた頃の南方熊楠（地元紙『牟婁新報』より）
写真協力：南方熊楠顕彰館（田辺市）

熊楠の遺したものに、神社合祀についての彼の活動がある。氏神の統一という指示に合わせて、鎮守の杜の伐採を収入源と考えた一部の人たちの意図を見抜いた熊楠は、からだを張った抗議運動を行い、一途な行動がつい過激になり過ぎたために、逮捕拘束されるという事態にまで追い込まれた。彼の保護活動によって救われた森はあちこちに残されている。熊野古道の中辺路にも、その恩恵を今に伝えている王子があることも思い出しておこう。

神社合祀という上からの指示はやがてその弊害が目立ってか、取りやめになったが、その騒ぎが何をもたらしたか、歴史の教訓はキッチリ整理されているといえるのだろうか。熊楠の目立った行動だけでなく、熊楠の行動に促されて、紀州だけで考えてみても、この出来事がもたらした真の教訓は何だったか、目前のわずかな収益が、長期的な視点で見て、紀伊半島の持続性に何をもたらしたか、これからの自然環境の在り方を考える上でも、あらためて考えてみることである。世界遺産の管理計画でも、実際に経験した活動の長所短所を正しく理解し、あやまちは二度と繰り返さないようにしたい。

熊楠が保護を訴えた社叢のひとつ継桜王子の「野中の一方杉」

大塔山系の自然の今昔

神社合祀に便乗した鎮守の杜の伐採の歴史に誘発されて思い出されるのが、大塔山系の自然が失われた至近の歴史である。大塔山系は中辺路から見れば少し南に下るが、熊野の山ということでは、事情はほぼ同じといえる。参詣道が古くから開発されていたのに比べると、半世紀ほど前までほとんど手つかずだったというのに、今では原生林の面積が激減している。

第二次大戦の終戦から二〇年ほどの間、日本列島を通じて、復興事業とのかかわりで、林業の景気も良かった。その頃、林野行政は、自然林を伐開して、人工林に置き換えることに重点が置かれた。森林の管理という面でも、森林で経済的な効率を高めるという期待からも、それが合理的な考え方だと、当時の政策担当者は認識した。

森林の奥深くまで、林道が開発され、森林が伐開されたために、熊野で生きていた人たちの暮らしにも大きな変化が訪れた。自然の中で生きていた山里の人たちに、便利で文化的な生活が流れ込んできたのである。作家の宇江敏勝は、この頃のごく短期間に急激な変化をもたらした熊野の人々の歴史を上手に記録している【註5】。

大塔山系には古来の歩道はあったものの、大量のものを移動することは困難だった。木材はそれを運ぶ施設が整わないと、伐採しても有効利用にはつながらない。産物の搬出の困難さが、大塔山系の自然林を切り開く作業を妨げていた。そこへ、林道工事の効率が高まるという技術の進歩が導入され、しかも戦後の復興に向けて林業の景気もいいという状況があった。古来人手がはいらなかった自然林に、人為が及ぶことになった。

日本人は全体として、歴史を通じて、列島の自然としたしみ、その実態を観察し、記述することに前向きだった。多様性の豊かな紀伊半島でも、自然についての知見は着実に積み上げられてきた。植物についても、宇井縫蔵（一八七八〜一九四六）が編集した『紀州植物』はすでに一九一八年に刊行されている（一九二五年には『紀州魚譜』も刊行された）。地域の植物誌が早くから刊行されている日本列島であるが、もっとも早い例のひとつである。

宇井は教員として学校教育に貢献しながら、自然史愛好家としても大きな貢献を行った。南方熊楠とも親交があったが、お互いに生き方の違いを認め合いながら、お互いの貢献に敬意を注ぎ合っていたようである。自然史への関心が経済的な収入につながらないことを知りながら、自然の実体を知ろうとする知的好奇心に促される活動が、お互いのもたらしているものの意味を評価していたのだろう。

熊野古道と現代人

世界文化遺産に登録されて以来、熊野古道を訪れる人が増えているという。とりわけ、欧米からやってきて古道を歩く人たちが引きもきらないようである。爆買いを目的とするような人たちではなくて、日本の景観と文化を味わう人たちの来訪は望ましいことである。世界遺産への登録が、いい意味での貢献となって現われている例である。

訪れるのは外国人だけではない、日本人も歩道で汗を流す。これまで、高野山を訪れたり、奥駈道を踏破したりしたことはあるものの、中辺路をゆっくりたどったことのなかったわたしも、世界遺産の資産の追加登録に合わせて、いくつかの王子を訪れ、伏拝（ふしおがみ）王子から熊野本宮までの歩道の逍遥も楽しんだ。熊野古道が世界遺産に登録されたおかげである。

紀伊山地の霊場と参詣道という名の世界遺産は、日本人の伝統的な宗教観を示す歴史の所産である。三つの大きな資産群のうち、熊野三山とそこへ至る参詣道は日本神道の伝統をあと付けるところであるし、大峰山系は日本の山岳宗教の典型例である修験道の聖地であり、高野山は中国から招来した仏教宗派である密教を、山岳宗教と結びつけて展開させた弘法大師の天才が結晶、展開した舞台である。

世界各地で、原始時代から伝承される聖地が、人々の崇敬を受けるために奇妙な変貌を強いられることなく、原始のすがたそのままに、あるいはそれに近いかたちで保全されている。今や、聖地に保全される自然のすがたは、人の営為が異なったかたちにしてしまった状態を現代人に教えてくれるよい標本になっている。

熊野古道も、時代に応じて、人々に利用されてきたために、利用の便に合わせた開発を受けてはいるものの、その積み重ねの結果として、独特な景観を描き出している。日本人の自然への働きかけが、一方的な開発にいたっていない典型例である。遺産として、今の世代はそれなりに有意義に活用しながら、いいかたちで未来の世代に伝えていきたいものである。

註

1 真砂久哉「滅びゆく大塔山」『紀州文芸』一九八九年四号/宇江敏勝『森の恵み　熊野の四季を生きる』岩波新書、一九九四年
2 前原勘次郎『南肥植物誌』私家版、一九三二年
3 岩槻邦男「シダを中心とした大峰山脈南部縦走記」『しだとこけ』一九五五年六号
4 鶴見和子『南方熊楠　地球志向の比較学』講談社学術文庫、一九八一年
5 宇江、前掲書

高野参詣の作法

山陰加春夫
高野山大学名誉教授

高野山史の概略

高野山（和歌山県伊都郡高野町）は、標高千メートル前後の峰々と、それらに囲まれた標高八二〇メートルほどの盆地状の平坦地の総称である。平坦地は東西四キロ、南北二・三キロの広がりを持ち、その中央部を西から東に御殿川(おど)が貫流する。西部に壇場伽藍(だんじょう)、東部に奥之院があり、壇場伽藍・奥之院を除く平坦地には、高野十谷(じゅうだに)と呼ばれる谷々が展開している。二〇〇四年、世界文化遺産に登録された（「紀伊山地の霊場と参詣道」）。

高野山の歴史を、中心寺院であるに金剛峯寺(こんごうぶじ)に焦点を合わせて整理すると、同寺は、次の六段階を経て、現代に至っていると考えられる。

一　九世紀、空海の創建にかかる小さな「修禅(しゅぜん)の一院」の段階。

二　一〇世紀、東寺一長者(とうじいちのちょうじゃ)に金剛峯寺僧職の首座たる座主職(ざすしき)を兼任されて、東寺の末寺的な地位に堕(だ)し、また落雷のために壇場伽藍の諸堂塔のほとんどすべてを焼失するなどして、衰微を余儀なくされた段階。

三　一一～一三世紀前半、摂関家・王家の支援によって、中世寺院として再出発し、「真言・南都系の一別所的な存在」として推移する段階。

四　一三世紀後半～一六世紀末、衆徒一同（惣寺）の主導によって、上級権門たる仁和寺・東寺のくびきから事実上、脱し、かつ、強力な周辺権門たる大伝法院（後の根来寺）との対立・抗争に打ち勝って、紀伊国北東部の一円寺領に君臨する「唯一」の荘園領主としての道を歩む段階。

五　一六世紀末～一九世紀前半、「天下の菩提所」と自称する日本最大級の「正統」派寺院の座を占めるに至る段階。

金剛峯寺金堂

右奥が山王院（御社拝殿）、左が六角経蔵

六　一九世紀後半～現代、高野山真言宗の総本山として全国に約三七〇〇か寺の末寺を有し、真言密教の道場、かつ入定信仰の霊場として確固たる地位を保持する段階。

以下の記述では、紙数の関係上、**一～三**の段階の高野山を対象とすることにしたい。

空海の高野山開創

大同元（八〇六）年、空海（七七四～八三五）は、唐から帰朝する際の漂流する船上で、神々に対して、「帰朝の日、必ず諸天（神々）の威光を増益し、国界（国家）を擁護し、衆生（生きとし生けるもの）を利済せんがために、一つの禅院を建立し、法によって修行せん。願わくは、善神護念して、早く本岸に達せしめよ」との誓願を立てた【註1】。一〇年後の八一六（弘仁七）年六月に至って、空海は、その誓願の実現のために、満を持して高野山上に「修禅の一院」を建立せんことを請う「上表文」【註2】を提出した。翌月、これが許可され、ここに高野山金剛峯寺はその第一歩を踏み出した。

ところで高野山は、空海にとって実は旧知の山であった。前掲「上表文」には、「空海、少年の日、好んで山水を渉覧しき（歩き回った）。吉野より南に行くこと一日、更に西に向かいて去ること両日ほどにして、平原の幽地あり。名づけて高野と曰う」と記されているのである。

摂関家・王家の高野参詣

金剛峯寺は、九世紀の間（空海と同寺第二世真然の時代）は、承和二（八三五）年に真言宗年分度者（毎年の定例得度者）三人の設置が認可され、定額寺（官寺に準ずる私寺）に列するなど、小さいながらも、日本の仏教界に燦然と輝く存在であった。しかし一〇世紀になると、延喜一九（九一九）年に京都居住の東寺一長者に金剛峯寺僧職の首座たる座主職を兼任されて、東寺の末寺的な地位に堕し、また正暦五（九九四）年に落雷のために壇場伽藍の諸堂塔のほとんどすべてを焼失するなど、衰微を余儀なくされた。

けれども、一一〜一二世紀（摂関・院政期）に至るや、治安三（一〇二三）年の入道前太政大臣藤原道長の「弘法大師廟堂」（以下、廟堂と略称）参詣を初例として、永承三（一〇四八）年に関白頼通、永保元（一〇八一）年に同師実、寛治二（一〇八八）年に白河上皇、天治元（一一二四）年に鳥羽上皇、……と摂関家・王家の登山が相次ぎ、またその都度、荘園・堂塔・子院（本寺に付属する小寺）など

壇場伽藍内にそびえる金剛峯寺の根本大塔と三鈷の松

が金剛峯寺に寄進・造立された。当該時期、同寺は、このような摂関家・王家の支援によって、ようやく中世寺院として再出発することができたのである。

高野山信仰と入定信仰と

これら摂関家・王家の高野参詣は、小野僧正仁海（にんがい）（九五一～一〇四六）や祈親上人定誉（じょうよ）（九五七～一〇四七）らの熱心な唱導によって、一一世紀以降、次第に流布しはじめた高野山信仰と入定（にゅうじょう）信仰に基づくものであった。

慈尊院多宝塔を望む

慈尊院弥勒堂

高野山信仰とは、高野山は前仏（釈迦如来）の浄土、後仏（弥勒菩薩）の法場（説法の場）であって、ひとたびこの地を踏めば地獄・餓鬼・畜生の三悪道に堕ちることなく、ひとたびこの山に詣でれば必ず三会の暁に遇うことができる、という信仰のことである。三会の暁とは、弥勒菩薩が五六億七千万年後に兜率天から地上に下って三度の法会を開き、迷っている数多くの人々を救済する、その時のことをいう。

また入定信仰とは、弘法大師（霊的な存在）が今もなお高野山奥院の廟堂内に生身のままでおわされていて、五六億七千万年後に弥勒菩薩がこの世に出現するその時まで、人々を救済し続けている、という信仰のことである。

摂関家・王家の人々は、右にみたような二つの信仰を胸に抱いて、「和泉路」（または「大和路」、または「河内路」）を経由して高野山麓の高野政所（伊都郡九度山町慈尊院）に至り、そこから「のちに町石道と呼ばれる険しい表参道」（以下、便宜上、「町石道」と呼ぶ）を徒歩でよじ登り、敬虔な気持で山上の廟堂に詣でたのである。

高野参詣の目的

摂関家・王家の人々の高野参詣の目的とは何だったのであろうか。結論的にいって、それは、自身とその一族の現世安穏（この世を安らかに暮らすこと）と後生善処（来世に弥勒菩薩または阿弥陀如来の浄土に往生すること）をひたすら念じるためであった、ということができよう。

それでは、何故その場所が高野山でなければならなかったのであろうか。右大臣藤原宗忠の日記『中右記』嘉承三（一一〇八）年正月一三日条には、堀河天皇（一〇七九〜一一〇七）の遺髪を高野山に納めるべき根拠として、「件の所（高野山）は清浄の地なり。大師（弘法大師）入定して、久しく慈尊（弥勒菩薩）の出世、三会の暁を期するの所なり。なかんずく先帝（堀河天皇）は、慈尊値遇の志、ご平生の昔より思し食すところなり」という著者の見解が載せられている。すなわち、この見解と同様に、摂関家・王家の人々（とりわけ王家の人々）は、高野山が、（ア）清浄の地であり、（イ）弘法大師が入定して弥勒菩薩の出世を待っている所であり、そして（ウ）五六億七千万年後の三会の暁に遇うことができる場であるが故に、この場所を選んだのではあるまいか。摂関家・王家の人々は、奥之院の廟堂に詣で、弘法大師に救済と助力（弥勒菩薩や阿弥陀如来への橋渡し）を仰ぎながら、前述したような所願を成就しようとしていたのである。

摂関・院政期（殊に鳥羽院政期）に高野山は、貴顕の高野参詣を通じて、とくに王家とその一族の現世安穏・後生善処を祈る霊場、つまり事実上の院御願の山として成立した。当該時期、高野山は、仏教界全体の中に、真言・南都系の有力な隠遁の別所の一つともいうべき位置を占めるに至ったのである。

高野参詣の作法

一一～一二世紀、摂関家・王家の人々の高野参詣が度重なるにつれて、次第に高野参詣の作法（お詣りの仕方）が定まってきた。ここでは、（一）上皇の初度の公式参詣、（二）上皇の二度目以降の公式参詣、の二つのケースを取り上げ、それぞれの作法の要点を箇条書きにして示すことにしよう。

参照する主な史料は、次のとおりである。

①寛治二（一〇八八）年『白河上皇高野御幸記』（以下、『白河』と略記）。

②天治元（一一二四）年『鳥羽上皇高野御幸記』（以下、『鳥羽』と略記）。

③権中納言源師時（もろとき）の日記『長秋記』大治二（一一二七）年一一月条（以下、『長秋』と略記）。

①は白河上皇（一〇五三～一一二九、時に三六歳）の初度の高野御幸の記録、また②は鳥羽上皇（一一〇三～五六、時に二一歳）の初度の高野御幸の記録である。そして③には、白河（時に七五歳）・鳥羽（時に二五歳）両上皇揃っての高野御幸（白河上皇は三度目、鳥羽上皇は二度目の高野御幸に当たる）のありさまが詳しく記されている。

女人堂

上皇の初度の公式参詣

作法の要点は次のとおりである。

ア　出発前の七～一〇日間、精進潔斎を行う。

イ　往路、京都から「和泉路」（または「大和路」）、または「河内路」）を経由して高野山麓の高野政所に至るまでは、網代車（牛車）に乗ったり、舟運を利用するなど、移動手段にとくに規制はない。

ウの1　往路、高野政所から、二つ鳥居、笠木を経由して、高野山上の中院（壇場伽藍）に至るまでの一八〇町の道（「町石道」の前半）は、必ず徒歩。

なお、『白河』二月二五日条には、「路頭に卒都波（卒塔婆）札等を立て、町数を注す」とあって、寛治二（一〇八八）年当時すでに一八〇町の道（「町石道」の前半）には、町数を注した木製の道しるべが立っていたことがわかる。

エ　道中、大声を出すことは禁止。

『白河』二月二五日条には、

高声の者、上下に仰せて（命じて）これを禁ず。土人（土地の人）云わく、「この山において群動高声あらば（多くの生き物が高い声を出せば）、忽然として雷電風雨あり」と。よってこれを禁ずるなり。

とある。ちなみに、『長秋』二月三日条には、「名山（名高い山、すぐれた山）の例、人高声の時は必ず降雨す、と云々」とある。

オ　高野山上に到着後、中院付近に新しく設えられた御所（檜皮葺の建物）で宿泊。

カ　高野山上での二日目の早朝、奥之院の廟堂参拝に先立って、上皇の使者が、壇場伽藍内の御(み)社(やしろ)（地主神である丹生(にう)・高野両明神を祀る）に白妙の御幣（白い布を切り、細長い木にはさんでたらしたもの）をお供えする。

『白河』二月二七日条には、その理由が、次のように記されている。

> 先例。この山に参詣するの人は、地主明神たるによって、必ず幣帛(へいはく)（御幣）をたてまつる。その由緒を尋ぬるに、昔、（中略）丹生明神は、大師草創の時に当たり、この地を伏属(ふしょく)す。寺の善神（正法を守る神）たるゆえに、必ずこの幣を得るなり。

山王院（御社拝殿）とその鳥居

丹生・高野両大明神を祀る御社

空海が高野山を開創する時に、お山の地主神である丹生明神はその領地を譲って下さった。そしてその後、同明神は金剛峯寺の守り神となられた。これらのことに敬意を表すために、必ず御幣をお供えしなければならない、というわけである。

キの1　往路、中院から奥之院の廟堂に至るまでの三六町の道（「町石道」の後半）も、必ず徒歩。なお、『白河』二月二七日条には、

中院より廟下に至るまでの三十六町に、おのおの率都波（卒塔婆）を立て、行程を注すこと、先のごとし。

慈尊院境内を望む。手前は百八十町石

山下の八町石

山上の二十町石

とあり、『鳥羽』一〇月二八日条には、

行程三十六町。町ごとに率都婆（卒塔婆）を立つ。しかるにその数は三十七本なり。子細を尋ぬるに、金剛界三十七尊の種子（しゅじ）（仏・菩薩を表す梵字）を書くによって、歩数を縮めて、一本を加うと云々。

とあって、寛治二年（一〇八八）当時すでに、中院から廟堂までの三六町の道（「町石道」の後半）には、政所～中院間の一八〇町の道（「町石道」の前半）同様、町数を注した木製の道しるべが立っていたことがわかる。また天治元年（一一二四）当時すでに、三七本の道しるべは、金剛界の三七の仏さまを表すと理解されていたことが知られる。

ク　御廟川にかかる御廟橋のところで足を洗う。

『白河』一〇月二七日条には、

廟を去ること町余（廟堂から一町余り）にして、まず水の潺湲（せんかん）たるところあり（水がさらさらと流れているところがある）。黒木をもって橋を作る。上下ここにおいて足を滌（あら）う。

とあり、『鳥羽』一〇月二八日条には、

礼殿（らいでん）（拝殿）を去ること三十町余り（一町余りの誤りか）、流れに跨がりて橋あり。上下ここにおいて足を濯（すす）ぐ。浄界を踏まんがためなり。

とある。足を洗うのは、浄域に入るために身を清める行為であることがわかる。

ケ　廟堂前で懇篤な理趣三昧（りしゅざんまい）法会を行う。

コ　奥之院での法要のあと、徒歩で中院にもどり、御影堂と薬師堂（金堂）を順次、内拝する。上皇が御影堂に入り、弘法大師の御影を拝んでいる間、お付きの人々は御影堂前の三鈷の松の「枝を折り実を拾う」。

『白河』二月二八日条には、

影堂前（中略）に一古松あり。（中略）寺の宿老云わく、「大師、唐朝にありし時、有縁の地を占い

御廟橋から燈籠堂（御廟拝殿）を望む

て、はるかに三鈷を擲(な)ぐ。かの万里の鯨波を飛んで、この一株の竜鱗に掛かる」と。この霊異(りょうい)を聞き、永く人感傷す。結縁(けちえん)のためと称して、枝を折り実を拾う。賫持(せいじ)せざるなく帰路の資となす(すべての人が大切に懐に入れ、高野参詣のお土産とした)。

とある。現在も、三鈷の松の三つ葉を拾うことはよく行われており、その三つ葉を財布に入れておくとお金が貯まるとか、それを所持していると幸せになれる(日本版「四つ葉のクローバー」)とかいわれている。けれども、右の記述は、その行為の本来の意味が、弘法大師とご縁を結ぶためであることを教えてくれる。なお、今日、枝を折ることは許されていない。

サ　帰路、高野山の総門である大鳥居(現在の大門の前身)の下から高野政所までは、肩輿(かたこし)(轅(ながえ)=長柄を肩の上にのせてかつぐ輿)または馬に乗る。

当時の一山の総門たる大鳥居は、現在地から西に、つづら折りになった坂を五町ばかり下ったところ(一一町石付近)にあった。現在地に、大鳥居に替えて大門が建立されたのは保延年間(一一三五〜四一)のことといわれる。

シ　帰路、高野政所から京都に帰着するまでは、移動手段にとくに規制はない。

上皇の二度目以降の公式参詣

前項で紹介した上皇の初度の公式参詣の場合と大きく違っているところは、次の二点である。

ウの2　往路、高野政所から盤折坂(つづらおりざか)(互折坂)の下まで、白河上皇は輿に乗り、鳥羽上皇は馬に乗る。ただし、盤折坂から中院御所までは、両院ともに徒歩。

キの2　往路、中院から奥之院の御廟橋まで、白河上皇は輿に乗り、鳥羽上皇は徒歩。ただし、御廟橋〜廟堂間の往復は、両院ともに徒歩。

以上、一一〜一二世紀、摂関家・王家の人々の高野参詣の作法（お詣りの仕方）について、白河・鳥羽両上皇の初度の公式参詣と、同両上皇の二度目以降の公式参詣の二つのケースを取り上げ、その要点を箇条書きにした。

総じて言えることは、次の三点である。

1　初度の高野参詣の際には、すなわち一生に一度という思いで高野山に参詣する場合には、往路、高野政所から中院（壇場伽藍）までの間と、中院から奥之院までの間とは歩行する。つまり、「町石道」計二一六町の全行程を歩く。

2　二度目以降の高野参詣の際にも、少なくとも高野山の総門である大鳥居（現在の大門の前身）から中院までの間と、御廟橋から廟堂までの間とは歩行する。

3　奥之院参拝を行うだけではなく、必ず中院に詣でて、御社・御影堂・薬師堂（金堂）を参拝する。なお、**3**については、『長秋』一一月四日条に、「この山に詣づるの人は、必ず御影堂を礼（らい）したてまつる」という鳥羽上皇の言葉が載せられている。

註

1「沙門空海書状（布勢海宛）」『高野雑筆集』（『定本弘法大師全集』第七巻）巻上

2『性霊集』（『定本弘法大師全集』第八巻）巻九

金剛峯寺金堂

吉野・大峯と熊野三山の結びつき

菅谷文則
奈良県立橿原考古学研究所所長

はじめに

「熊野詣」という単語は、聖地である熊野を目指して旅をすることであって、単に紀伊半島南部の熊野北方に商業のために行くとか、今日の用語の出張することではない。

平安時代後半の寛治四（一〇九〇）年に白河上皇が熊野三山に詣でたことに始まると言ってもよい。白河上皇は、あわせて九度も熊野詣をしている。鳥羽上皇は二一度、後白河上皇は三四度、後鳥羽上皇は二八度も熊野詣を行っている。上皇（時には法皇）による合わせて九二回もの熊野詣は、全国の人々に熊野詣がもつ意義を知らしめた。後鳥羽上皇は仏教ではよく言われる数字である三三度を目標としていたらしいが、二八度で終わっているのは、承久の乱（一二二一年）を主導したとして、隠岐に流されたので中断した。これ以後は上皇の熊野詣はなかった。

上皇の熊野詣は信仰の旅ではないと言えるほど、大規模なものであった。白河上皇の第一回の熊野詣にあたる初度（しょど）は、一〇九〇年一月一六日に京都において精進を始めた。七日後の一月二三日には、三人の公卿と、五人の受領国司（任地に赴任しないで都にいる国司）五人、その他合わせて一四人の貴族を随行させていた。他に仏僧（三人）を連れている。約一か月のち の二月二六日に都に戻っている。この熊野詣において、京都から護持僧として同行したのが、滋賀県大津市の園城寺僧であった増誉（一〇三二〜一一一六）である。これに対して上皇は、熊野三山検校に補任している。また、熊野においては『大峯縁起』を覧している。もちろん、神仏に深い祈りを捧げたことは言うまでもない。熊野においても、三山の熊野別当長快に法橋の位を与えている。白河上皇の二度目は、一一一六年で、それ以後は一年半ほどの間隔で熊野詣を実行している。

「いほぬし」の熊野参詣

上皇は、天皇を退位した人であるので、その熊野詣の影響は大きい。多くの貴族は上皇にならって熊野詣を行った。また、白河上皇の初度に先立つ、僧や貴族の熊野詣があったことが記録に残されている。上皇の熊野詣の機縁となった人々である。

九九八年頃に熊野詣をした僧である増基の記した『いほぬし』は、初期の熊野詣をよく記録している。京都を出発し、石清水八幡宮に参詣し、大阪の住吉社（現在の住吉大社）に詣でて、大阪府を南下し、和歌山市をへて、田辺市に至り、中辺路をへて、本宮に至っている。本宮の参詣を「ここかしこめぐりて見れば、庵主ども二、三百ばかり、おのが思ひ思ひにしたるさまもいとおかし」と記され、庵主という小規模な建物が二、三百もあり、それらおのおのに参詣しているものがいると訳すことができる。増基法師つまり、「いほぬし（庵主）」は、本宮の参詣を終えて、御船島に行く。御船島は、熊野川に浮かぶ小さな島で、現在も、船を競う神事が行われている、神が宿る島である。「いほぬし」では、熊野速玉大社（新宮）にも、海岸近くの飛鳥社（阿須賀王子）にも参詣していない。御船島のつぎには「たた山の滝」（那智大滝）に至っている。

『いほぬし』から約八〇年のちの貴族の参詣には、三所権現や、仏が神の姿となって現世に現れる本地垂迹（ほんじすいじゃく）の考えが明確に記録されている。仏が神の姿となって現れる聖地が熊野であるとする考え方は、一〇九〇年の白河上皇の熊野詣へと発展する。熊野詣には多くの貴族を同行させるとともに、女官らも伴っていた。途中の宿においては歌会・相撲・宴会なども催されることがあった。

熊野三山が、どうして霊地となったのかは、飛鳥・奈良時代から都の人々が、山また山の紀伊半島をどのように見ていたが大きい鍵となる。

飛鳥・奈良時代の吉野・熊野

紀伊半島は、大阪湾にそそぐ紀ノ川と、伊勢湾にそそぐ櫛田川から以南の山岳地帯と、太平洋岸の狭い海岸平野からなっている。重畳として山また山が連なっている。紀伊半島の最南端の和歌山県潮岬から吉野川までは、およそ一〇〇キロメートルある。

飛鳥時代の都は、奈良盆地の東南部の桜井市、明日香村、橿原市に営まれていた。奈良時代初期の七二〇年に成立した『日本書紀』では、初代天皇とされる神倭磐余彦（かむやまといわれひこ）が熊野に上陸し、紀伊半島を南から北に縦断して紀ノ川上流部の吉野に至ったと記されている。日本の建国神話の核心の舞台として、熊野と吉野が描かれている。

『日本書紀』では、九州の日向を出発した兄である彦五瀬（ひこいつせ）と弟の神倭磐余彦は、瀬戸内海をへて、大阪湾の最深部に至って上陸したが、戦乱となり敗北した。兄も負傷し、退去した。大阪湾から和歌山市南部に至った時に兄は死亡した。弟はさらに船を南下させ、紀伊半島をまわり込み、熊野に上陸したと『日本書紀』などは伝えている。そこから神の導きによって、紀伊半島を南から北へ進み、ついに奈良県吉野・宇陀をへて橿原に至って建国したという。

ところが、吉野も熊野もその後は『日本書紀』などには記録されていない。五世紀初めの天皇とされる応神天皇と、五世紀末の天皇である雄略天皇の記述に吉野のことがある。吉野の土着民である国樔（くず）（国栖とも書く）が、土毛（くにつもの）（特産品）を献っている。土毛献上は代表的な服属行事である。五世紀に、吉野が認識され始めたことを示している。奈良県吉野町宮滝遺跡において五世紀後半の須恵器が出土していることは、このことを示している。この頃には、吉野の山々を南へ南へと分け入ると海岸（熊野灘）に至るという地理が認識されたようである。吉野には、飛鳥時代の斉明・天武・持統天皇の時代は、吉野宮が置かれている。

大峯山上空から高野を望む、山また山　撮影：梅原章一

空海の母の霊を祀る慈尊院付近の紀ノ川

天武天皇が壬申の乱（六七二年）に勝利してのち、吉野宮の政治的、社会的地位は格段にあがった。天武天皇に続く持統天皇は、しばしば吉野行幸を行っている。持統天皇は、生涯に三十数度も吉野宮に行っていた。当然のことながら、吉野およびその南に続く山岳地帯についての知識も集積されていった。

吉野に比曽寺（奈良県大淀町比曽所在の日本最初の精舎）の造営が始まるのは、天武天皇以前のこととされる。東西に塔をもつ、いわゆる双塔式の伽藍は、天武発願の本薬師寺に始まるので、六八〇年代には比曽寺は、小さな精舎から大きな寺観をもつに至っている。比曽寺と、吉野宮（宮滝遺跡）のほぼ中間にあたる地点に竜門寺が建立されている。この寺の造営は出土瓦と塼仏からみると、六九〇年代に始まり、七二〇年代頃まで続いた。伽藍は山岳地帯の竜門川にかかる竜門の滝の落口右岸の平地に塔を、上流に金堂、他の堂はさらに上流に建てられている。平地の伽藍寺院とはまったく異なっている。平安時代以降の山岳寺院を先取りしたかのような建築様式である。『日本三代実録』の元慶四（八八〇）年十二月条には、清和天皇が大和行幸で巡った寺名が記されており、竜門・比曽の両寺が含まれている。落下する瀑布の上部に塔を建てるのは、仏教思想に、神仙思想を加味し、折衷したことが窺える。

天平時代になると、僧たちは、吉野川を越え、深い山々に仏教の「山居」（修行の場所）を求めて分け入った。吉野川を渡って、現在の近鉄・吉野駅近くの緩傾斜の尾根を登っていく。少し登ると広い尾根（野極と言われていた）に出る。金峯山寺の蔵王堂をすぎる。桜の名所の吉野山の下千本から上千本である。南へ南へ、急な登りの尾根を行く。安禅蔵王堂跡に出ると、ここから尾根は幅狭くなり、野から山岳に移る。奈良時代は原生林であった。四寸岩岳・大天井岳に至ると、山頂付近には岩が露出してくる。ただし、岩山ではない。大天井岳（一四三八メートル）は北へ行くと、吉野山。

南へは延々と尾根が続き、近畿最高峰の八経ヶ岳（仏経ヶ岳、一九一五メートル）を越えて、釈迦ヶ岳・玉置山などの高峰を越え、熊野本宮大社のあたりで、吉野川畔から一〇〇キロメートルも続いた尾根は、熊野川に消える。世界文化遺産の大峯奥駈道は、吉野川から熊野本宮大社までの道である。

考古学研究によると、吉野山から南下する尾根のところどころに奈良時代の須恵器が散布していることが確認されている。つまり、奈良時代には確実に仙人や狩人以外の人々が入山していたことを示している。現在で言う、大峯山頂（一七一九メートル）、竜ヶ岳東方（一五六九メートル）、弥山山頂（一八九五メートル）などである。弥山から本宮までの出土は確認されていないが、今後の分布調査が望まれる。

吉野熊野国立公園にある八経ヶ岳は近畿最高峰（1,914.9ｍ）

大峯山山上ヶ岳の山頂に建つ世界遺産大峯山寺の本堂。修験道の寺院として知られる

大峯奥駈道

少し戻ることにする。

大天井岳から南へ急坂を下ると五番関という鞍部に至る。ここから大峯山頂まで、約一時間の距離である。ほぼ全体に岩が露出している。大峯山頂から弥山までの一帯も岩山で、現在も歩行に危険を感じることがある。尾根の稜線の左右は深い谷になっているが、豊かな樹木が表面を覆っている。歩いていると、奈良時代後半には、弥山山頂までの道は、山居の対象になっていたと感じる。

弥山の頂上から南を見ると、深い山々が連なり、幾重にも重なっている。ここまで来た山居の僧たちは、さらに南に向かいたいという強い気持ちが自然と湧いてくるのではないかと想像している。たぶん事実であろう。

いっぽう大天井岳から西を見ると、ゆるやかな尾根が、山の霞の彼方まで延びている。その先にあるのが高野山(九一八メートル)である。大天井岳から西に延々と続いている尾根の北側に降った雨や雪は紀ノ川に流れ、南側のものは、熊野川に集まり、和歌山県新宮市で海に注ぐ。川口ちかくに熊野速玉大社が位置している。

奈良盆地から見ると、小さい竜門・高取山脈が南面にあり、その南には吉野川(紀ノ川)が東西にゆったりと流れる。大川の風貌さえある。ついで山に入る。大きい山が続き、岩山がそびえる。大峯山などは岩山を行場とした修験場である。山々は五穀断の僧に豊かな山の富を送り生活を助けている。奈良時代に深く信仰される観音菩薩は、南の大海中之島の崖の上におられると観音経に説かれている。

いっぽう、飛鳥時代後半に吉野宮が開かれた。その理由は明確に文献に書かれてはいないが、天武天皇が天文遁甲を行い、神仙道に傾注されていたことが知られる。仙人に追いつくためには深山に入り、各種の修行を行い、五穀を断ち、仙果を食することが、仙人に近づくための重要な方法であるとされている。このような考えは、奈良時代の貴族や僧が理想の地と考えた唐帝国の首都長安京の地理と飛鳥と吉野・熊野を当てはめるとよく判る。

大峯奥駈道を開いた役行者は僧か、仙界を求めた初期の呪術師か、修験者かを区分することが難しい。平安時代初期の仏教は、天台宗・真言宗の密教が実践されるいわゆる山岳仏教が大きなうねりとなる。もともと、奈良時代の首都であった平城京の大寺の僧は、記憶力を高め、仏教の真義を知るために求聞持法を行うようになる。具体的には深山幽谷の静処に至って、一心に経を誦じることである。興福寺の僧は室生に入り室生寺を建立した。法隆寺の僧は裏山とも言うべき松尾丘陵に松尾寺を建立する。東大寺の僧の一部は竜門寺を拡充し、さらに大峯山・弥山に分け入ったと私考している。

吉野熊野国立公園にある弥山（1,895 m）

弥山頂上より八経ヶ岳を望む

表1 長安京の地理に見立てた飛鳥と吉野・熊野

	日本	唐
都	飛鳥・藤原京	長安京
小さい山脈	高取・竜門山系 ※2	秦嶺山脈 ※1
大きい川	吉野川（紀ノ川）	長江
大きい山脈	大峯山脈 ※3	嶺南山脈
南	太平洋	南海
観音菩薩	（青岸渡寺）※4	（海南島寺、その他）

※1 多数の寺や道教の観が建てられた。パンダの生息地でもある。
※2 山中に南法華寺（白鳳時代創建）、比曽寺（飛鳥時代）、竜門寺（白鳳・奈良時代）、加夜奈留美神社、吉野山口神社などの式内社がある。
※3 大峯山、やや西によるが高野山、南端ちかくに熊野三山がある。
※4 那智大滝が、大峯・熊野の山々の水を海に流している。観音のご在所への入り口に青岸渡寺があり、熊野川口に御船島がある。なお、補陀落渡海に深い関係があった熊野那智大社の如意輪堂は、神仏分離令などによって、明治7（1874）年4月23日に正式に仏寺となり、那智山青岸渡寺となった。神社は、熊野那智大社（熊野夫須美神社）となり、別々の宗教となった。

厳しい自然環境の中に身を置き、仏教世界に身を置くのである。もちろん、女性は居ず、定住民も居なかった。苦労の極みでもあった。そのうちに、熊野から北上する僧も出てくる。法華経を誦ずる僧で、『日本霊異紀』下巻に永興禅師の弟子が山に入り、死亡したが、舌のみは残り、誦経していたと記されている。生命をかける修行＝山居であった。なお永興禅師は新宮にいた僧である。大峯と熊野三山の大きな違いは、女人禁制か否かである。女性を帯同することが許されなかった大峯山（古代には御岳詣、金峯詣などと言われた）の登山は、藤原道長、頼通、師通の三代の登山以降は、急激にすたれた。歌人として名高い西行法師は一一四七年に大峯奥駈を行ったが、先達について修行に苦労したことを『古今著聞集』に残している。

岩山を行場とした修験場、金懸岩

大峯山の女人結界門

熊野の神と仏の対応

白河上皇の一〇八〇年の熊野詣は、大峯奥駈の最終地点（南端）である熊野三山へは、わりあい平坦な道で行くものであった。その行路は中辺路であった。本宮に始まる熊野三山と大峯奥駈との関係を示した絵画が多数残されている。大峯と熊野三山の関係を絵解する。

平安時代になると、インドに始まった仏たちが、日本において神として現れるという本地垂迹思想が考え出された。全国各地の神々には、本地としての仏があると考えられた。奈良時代中期以降の日本の政治・文化の中心にいた藤原氏の氏寺は奈良の興福寺で、氏神は春日大社であった。春日大社には四柱の神が祀られている。神仏の関係は次のようである。

武甕槌命　＝不空羂索観音
経津主命　＝薬師如来
天児屋根命＝地蔵菩薩
比売神　　＝十一面観音菩薩
（天児屋根命・比売神）—若宮＝文殊菩薩

このように藤原氏の氏神の対応神が定まっている。

熊野三山ではさらに、複雑に神仏の対応が説かれている。鎌倉時代に描かれた和歌山県立博物館が所蔵する「熊野垂迹(すいじゃくしん)神曼荼羅図」（110頁）から説きおこそう。縦一メートル、横四〇センチの絹布に描かれたこの絵は、画面のほぼ半分から上部が大峯山系であり、そこに蔵王権現、大峯八大童子、役行者、大黒天、神倉祭神、阿須賀祭神を描いている。蔵王権現は大峯山において役行者が念じたことによって現れた神仏習合の神格であるとしてよい。役行者は、蔵王権現を感得した半僧半俗の咒術に秀でた人物で、文武天皇三（六九九）年に伊豆へ配流されている。画面の中央の屛風の前に坐る女性二名、僧一名、男性一名を大きく描き、その下に五色の幕の前に五人、さらに下段に六体の神像を描く。その下部は五色の幕を掛けた高い基壇となり、五段の階段がある。階段の下部中央に執金剛童子を描く。その前面の屋外に九体を描く。これらの図像の各々に長細い短冊形が加えられ、この中に金箔で神格名を書き込んでいる。このため、神の名前が確認できる。神仏対応は、表2（111頁）のようになる。

本宮・新宮と西方極楽浄土・東方瑠璃光浄土

熊野の神と仏との対応関係の成立は、西方極楽浄土の阿弥陀・東方瑠璃光浄土の薬師如来。南の観音菩薩を当てたとされている。

このような熊野垂迹図は数多く描かれており、鎌倉・室町時代のものも多く伝えられている。熊野三山に奉納されているとともに、熊野信仰を全国的に広げた御師や熊野比久尼らが、行く先々で家屋内に掛けて、礼拝したものと考えてよい。御師らはうやうやしく、神と仏がおりなす聖地を説明し、信者らを熊野三山に詣でたかのような仮想空間に導き法悦・法楽を感じさせたであろう。時代が下ると参詣曼荼羅となり、画面も正方形に近い絵画となり、一辺が一・五メートルを超すようになる。神々のみではなく建築、旅人も描くようになる。熊野三山の地理を中心として建築美などにも及び絵解き、つまり信仰勧誘図となっていく。那智参詣曼荼羅では、太平洋にこぎ出す補陀落船

熊野垂迹神曼荼羅図（甲本）和歌山県立博物館蔵、鎌倉時代後期
絹本著色、縦105 cm×横40.8 cm

大峯山の景観と蔵王権現・大峯八大童子・役行者・大黒天・神倉祭神・阿須賀祭神など	那智大滝と生貫杉が屋根を貫く拝殿

那智（夫須美大神） 千手観音	新宮 速玉大神 薬師如来	本宮（法体） 家都御子大神 阿弥陀如来	飛瀧権現（滝宮） 千手観音
三所			

若宮 十一面観音	禅師宮 地蔵菩薩	聖宮 龍樹菩薩	児宮 如意輪観音	子守宮 聖観音
五所王子				

一万宮・十万宮 文殊菩薩・普賢菩薩	勧請十五所（一対） 釈迦如来	飛行夜叉 不動明王	米持金剛 毘沙門天	満山護法 弥勒菩薩
四所明神と満山護法				

	礼殿執金剛童子	

近露王子	発心門王子	稲葉根王子	湯河王子	滝尻王子	切目王子	藤代王子	湯峯王子	石上王子

表2 熊野垂迹神曼荼羅図（右頁）の神像配置と神名（細字）・本地仏（太字）の対応

を描いていることに特色がある。

熊野垂迹図が描かれたことには、大峯山信仰と密接な関係がある。熊野三山の上部に描かれていたが、熊野信仰が民衆信仰として急速に広まったころから、熊野三山と那智大滝との雄偉な姿に神と仏を感じるようになり、那智参詣に重きが置かれるようになった。ちょうど、大峯山上から山下と言われた吉野山に信仰の中心が移っていくことに対応しているようである。

都の貴族らからは、大峯山は男性のみに許された極めて困難な道、熊野は男女ともに許された平坦な道であると認識されていったのではないだろうか。もちろん、上皇に命ぜられて随行した中下級貴族のなかには、屋根のない宿舎で雨に打たれ困難を極めたとの日記も残している。

中辺路の王子

熊野垂迹神曼荼羅の最下段の屋外には、中辺路と大辺路とに分岐するまでの紀伊路にある藤代王子から、大小の峠を越えた湯峯王子までの九王子が描かれている。

王子は大阪市の旧淀川（大川）左岸の窪津王子から本宮大社まで、さらに本宮から雲取を越えて新宮、那智までにも祀られていて、数は少ないが大辺路にも祀られる。合わせて九九王子があったとされ、和歌山県において確認調査が実施されている。二〇一六年に王子を含む中辺路は世界文化遺産に追加登録された。

今日に王子跡として確認されているものの多くは、小さい規模の神社となっている。近露(ちかつゆ)王子は明治三九（一九〇六）年から国が進めた小規模社の合祀政策によって、別の神社に合祀、つまり強制合併させられた。この時に近露王子神社の社殿内に安置されていた宮殿(ぐうでん)が、神社合祀に反対していた住民によって、ひそかに移動され保護されていたのである。この近露王子神社宮殿は江戸時代初期の貞享五（一六八八）年の棟札のその他が残されていた。

熊野垂迹神曼荼羅には、近露・発心門・稲葉根・湯河・滝尻・切目・藤代・湯峯・石上の各王子が竜子像や力子像として描かれている。

熊野垂迹神曼荼羅以外にも、神々を仏の姿で表した本地仏曼荼羅も多く描かれた。これらを身近に配し、礼拝することによって遠隔地に居住していた者も、熊野三山にバーチャル体験していたのである。そして仮想空間に想いをはせて、熊野詣を実行しようと決心したに違いない。

このように貴族や地方の有力者とは別に、蟻の熊野詣と称されていた庶民の熊野詣は、曼荼羅図などからは、その熊野詣をする決心の実際を知ることはできない。

おわりに

以上のように地理観を出発点とする神仙思想が大峯と熊野を結びつけたものと考えてよい。熊野において深く信仰されていた神々が、都の貴族や僧によって習合させられたのであった。

飛鳥時代末期に奈良盆地西南部の葛城にいた役小角（えんのおづの）（後世には役行者・神変大菩薩と言われている）が吉凶を占い、国家に苦難を加えたという事件があった。役小角は伊豆に配流されて、そこで死亡したようである。この事件から約百年のちに著述された『日本霊異紀』では、葛城と吉野を結んで活躍する仙人として記録されることになった。

役小角の信仰は、九世紀の初頭には大いに喧伝されたので、熊野をはじめ日本各地の神々と結びつけられた。こうして修験道のかたちができあがり、天台も真言もそれを推し進めた。

人はなぜ歩くのか

五十嵐敬喜
法政大学名誉教授

はじめに

熊野古道を含む道（北郡越、長尾坂、潮見峠越、赤木越、闘雞神社）が二〇〇四年に登録された「紀伊山地の霊場と参詣道」の「拡張」【註1】として、本年、世界文化遺産に追加登録された。日本では過去、法隆寺、日光、平泉などの神社仏閣、明治の近代化遺産としての産業遺産、さらには知床などの自然遺産が世界遺産に登録されているが、今回のようにその対象が「道」となると、少し世界遺産のイメージが変わる。

道は、人類（動物）の誕生とともに世界中に存在していて、希少価値を対象とする世界遺産のなかで、なぜそれが「普遍的な価値」を持つのか、またそのようなものがあるとして、それがなぜ熊野古道なのか必ずしも明瞭ではない。これについては日本イコモス国内委員としてこれまで深く世界遺産登録にかかわってきた西村幸夫教授がスペインの「サンティアゴ・デ・コンポステーラの巡礼路」を例に、別稿で詳しく解説をしてくれているので、本稿ではこれ以上は入らない。本稿では、「道」以前に、そもそも人はなぜ「歩く」のかという点について考えることにしたい。というのも道の普遍的価値は、この「歩く」ということと密接に関係していて、ここを見なければその普遍的な価値にたどりつけないと感じられるからである。

最初に、道＝歩くということに関してあらかじめ二つを指摘しておきたい。一つは近代に入り、道は、急激に歩くところではなくなってきている、ということである。道は、最も大きく言えば陸地のそれだけでなく、川や海さらには空の道、そして現代的な「情報」の道なども入ると考えられるが、これらの道はほとんど機器類に占領され、歩くという行為と同じように、手や口を使う移動や伝達の手法は、ほとんど消滅しかかっているということである。また陸地の道は、当初の道が街道に、街道は道路となり、道路は人が歩くところというより「自動車」に占有されるようになった。

これらは、歩くということの変質を表しているのであるが、もう一つ、特殊日本的な状況として、「道」イコール物的なものではなく、柔道や剣道あるいは茶道や華道、さらには武士道などとして、

2004年の登録で設置された中辺路の道しるべ

スポーツ、文化あるいは思想などの分野において、大きな「精神的なプラスアルファ」として位置づけられてきているということに留意しておきたい【註2】。

一方で、人が歩くという肉体的な道はどんどん縮小していくのに対し、他方で歩行を伴わない道の観念、つまり精神的なそれは、日本に特殊なものではなく、周知のようにオリンピックの柔道、哲学や精神世界における武士道などとして世界中に影響を与えている。本稿では、道はなぜ世界遺産たりうるのか、その意味と文脈を、このような変質と展開の中で、「歩く」ということを基点に考えてみようというのである。

人はなぜ歩くのか

まず一般論から始めよう。人が歩くのは、本能からである、というのが根源的な説明である。人間が二本足で立つようになったのは、この本能と関係している。それは食料の確保、子孫の維持、敵に対する防御など、動物と共通するものであった。これは人間精神の最も深い部分、例えば仏教的に言えば「阿頼耶識（あらやしき）」、西欧流に言えば例えばフロイトの「無意識」に根ざしている、という理解もありうるのだろう。それはともかく人間や社会の進化とともに、歩くことはいろいろな動機付けによって説明されるようになる。人や物の交流、観光、防人などの賦役、信仰、あるいは布教や救済などが歩く動機となり、ある場所とある場所をつなぎ（野ざらし紀行などのように、帰るという行為を意識的に遮断するものもある）、それが恒常化するとそこに「道」ができる。熊野古道の場合、それは聖地と参詣という形となり、その道がいつしか「古道」と呼ばれるようになった。

この信仰と歩きの中には日常の暮らしとは異なるある種の異種体験が伴っている。これを分析す

ると、そこには

歩くことそれ自体の苦痛
旅の費用や時間の捻出
危険との遭遇（災害、けがや病気、追い剝ぎ・強盗などの犯罪）
食事や宿泊所の不安などの不幸（苦難）

が伴う。しかしその一方で

健康の保持
人と物の交流による利便などの増大
観光等による快楽や楽しさ
友人や友情の発見
様々な発見や知見の獲得
自己変革や目標の達成感、満足感

などの「幸福」（喜び）が考えられよう。

この幸福と不幸を天秤にかけながら、人々は歩いてきた。歩くという行為は、当初、自分だけのものである。しかし歩き始めると、次第に、人間や自然と交流するようになり、目的物（神）との遭遇によって、自分以外のもの、つまり他者（自然や神を含む）との関係を深く認識するようになり、いつしか、自己と他者が一体になる。そしてそのような自覚が「自分の向上」につながる、というように進化していくのではないか。これが人間の歩くという行為と動物の歩くということの本質的な違いなのであろう。

この「自分の向上」ということについて、実際に歩いた人はどう思ったか。ここでは少し実例を挙げてみよう。

まずは総理大臣のお遍路として話題になった菅直人は、四国巡礼をしながら「お遍路として歩いているときは、ひたすら歩くだけ。何度も言うけど、歩きだしたら、右足の次は左足を出すってこと以外に、考えないんだ。しまいにはそれすら、考えなくなる。空なんだ」（『総理とお遍路』角川新書、二〇一五年）。ここでいう「空」は完全に頭の中が空っぽになるということであるが、これが仏教でいう「空」すなわち、「禅」の心に入る第一歩であるのかもしれない。

次いで近世の『奥の細道』（一七〇二年刊行）で有名な俳人松尾芭蕉（一六六四〜九四）は、その中で「旅の楽しみ」として

神の造り出した美しい風景を見ること（松島、象潟など）
一切の執着を捨てて仏道修行者の旧跡を訪ねること（瑞巌寺、永平寺など）
歌枕を訪れて、古人の感動を追体験すること（白河の関など）
片田舎で俳諧の志ある人に出会うこと（大石田など）

を挙げているが、その中で読まれた数々の名句には、従来の紀行文とは異なる自己と他者の一体化、そしてさらなる「悟り」が見られる。何もかもを捨て、かつ帰ることを考えない命がけの旅は、芭蕉

の俳句を「芸術」に高めたことは、説明の要もないであろう。

そして最後に天台阿闍梨光永圓道の『千日回峰行を生きる』(春秋社、二〇一五年)を見ておきたい。これはおそらく世界でも全く見られない「歩く」の「完成形」である。

同書によれば、まず千日回峰とは「平安中期、相応和尚が比叡山で始められたといわれる礼拝行である。千日回峰は七年間かけて行われる。一年から三年までは、一〇〇日間、雨が降っても槍が降っても、三〇キロの山道を二六〇か所もあるといわれる礼拝所を礼拝しながら歩く。四、五年目は同じ三〇キロを今度は二〇〇日も歩く。そして七〇〇日になると「堂入り」。その後さらに六、七年目は山を下りて京都への赤山禅院への往復。七年目の最後の一〇〇日は比叡山に戻る。なかでも劇的なクライマックスが七〇〇日を満じて行われる「堂入り」である。これはテレビなどでも報道されるので知っている人も多いと思われるが、修行者は九日間「断食、断水、不眠、不臥で、本尊の不動明王に真言一〇万編を唱えてお祈り」するという行であり、その意味は「お釈迦様が悟りを開いたときの追体験」をするのだという。すなわち「お葬式をして形の上では死をもって入堂させてもらい、九日後に出堂するときは阿闍梨として生まれ変わってくる」のである。医学的には「食わず、眠らず、横にならず」という状態は「一週間が限界」であるとされているが、「堂入り」はこれを超える「行」であって、「一旦死んでいるので、何も考えなくてよい。生きることを全否定。全身心をお不動様にゆだねる」というレベルになる。「意識は冴え冴えとしている。無心、無我の状態、隣の部屋の線香が落ちる音が聞こえる」というのが「満行」した阿闍梨の述懐であった。そして、なぜこのような生死を超える行をするのかという問いに「自分は子供のころ身体が弱かった。それが良くなったことを仏に感謝するため」と答え、同時に「自分の生き方の基準をあげる。基準が高ければ高いほど、いい意味でいろんなことが楽しくなる」という。

ここでは歩くこととはただ歩くという肉体的な行動ではなく、「歩行禅」といわれるように歩くこと自体が「禅」の世界となっていた。芭蕉は歩きながら生きるということを句に詠んだ。お遍路さんたちも、「同行二人」つまり、「御大師様」と一体になっていることを感じているのである。

熊野の魅力

歩く人にとって、歩くということの究極の意味は上記のように見られるのであるが、この歩くは、何かある種の目標（動機づけ）と関係することによって、その意味がさらにクリアになる。千日回峰の場合（当の本人にとっては途中そのような目標すら消失していく、つまり歩くから歩くというような状態になっていくにしても）明確に、これまで先達が行ってきたことと同じように行を行うというものであった。歩くという行為には、その主たる目的が交通や観光のような場合も、そこに向かうには、向かう先に何らかの「目標」が必要であって、目標と歩くの関係によってその「価値」が決まるのである。

熊野古道は、もちろん「熊野」を目指す。ここには古代から修験者などが通る「道」は存在していたが、それが一躍有名になるのは、平安時代、一〇九〇年、白河上皇が熊野御幸をして以来といわれる。そして朝廷の権威が落ちた鎌倉時代には今度は武士と庶民が主役になり、室町時代にはそれこそ「蟻の熊野詣」といわれるように庶民も押しかけるようになった。しかし、ここは、朝廷のあった京都からさえも実は容易に通えるようなところではない。京都の朝廷と熊野を往復するには、山あり谷ありの危険な難所があり、当時、おおよそ一か月もかかった、といわれている。総勢三〇〇人（多い時には八〇〇人ものお供が付いてくる）。その費用や労役も莫大なものであった。にもかかわらず、なぜこのようなところまで上皇から庶民まで、歩いていくのか。

　熊野というところはどういうところか。熊野は和歌山県の南東に位置し、平地は海と山にはさまれている。和歌山県田辺市総合観光ガイドブックや同じ田辺市要覧などによると、創建は、崇神期。熊野本宮大社（大斎原）は、元は熊野川とその支流音無川、岩田川の合流する中州にあったが明治二二年の大洪水により明治二四年現在の位置に遷座した。御祭神は「熊野一二所権現」主祭神であり、大斎原のイチイの木に、神が三体の月となって降りたという伝承から、信仰の起源が自然崇拝にある。

　熊野の大自然に霊感を得た古（いにしえ）の人々は、初めにそれを土地の神として祀った。そして、熊野を修

全国３千余の熊野神社の総本宮、熊野本宮大社。「熊野権現御垂迹縁起」では主神の家都美御子大神は大斎原のイチイの木に降臨したとされ、紀（木）の国の名の由来となったという
写真協力：熊野本宮大社

大斎原（熊野本宮大社旧社地）を参拝する筆者

行の場と定めた修験者たちの働きもあり、熊野に対する信仰が広まる。熊野のへの参詣は、難行苦行の道のりを経なければならず、たどりつく熊野本宮大社は「蘇り地」「再生の地」として多くの人が訪れた。平安時代には上皇や法皇、貴族たち、以降には、老若男女を問わず受け入れる神と知られるようになった、というのである【註3】。

もっとも、同じ霊場として世界遺産に登録された空海の高野山、あるいは役小角(えんのおづの)を中心とする修験者の道場としての吉野・大峰とはかなり異なっている。熊野は、聖地の主人公となる「神や仏」は一体何なのか、またその教えとはどういうものか、必ずしも判然としない、ということである。熊野をめぐって、これまで識者たちは、古事記や日本書紀に始まる記紀神話、修験者、神仏習合、本地垂迹、一遍上人、さらには鉱物資源や温泉を生み出す特殊な地勢、そして何よりも奥深い広大な森林（曼荼羅ともいわれる）などのキーワードによって、周知のとおり様々な解説を行ってきた。しかし、熊野が、高野山などとともに世界遺産に登録されるようになったのは、それら言説とともに、端的に岡本太郎が『神秘日本』（みすず書房、一九九九年）で喝破したように「中央の近くにありながら、陸からも海からも遮断された広大な天地。遠い土地の神秘には、畏怖感がない、だが身近でいながら閉ざされている世界には、神秘と怖れの実感があるのだろう」とか、また司馬遼太郎が『街道をゆく8　熊野・古座街道、種子島みちほか』（朝日文庫、二〇〇八年）で修辞したように「熊野というのは大小無数の山塊を寄せ集めたようなところでいかにも隠国(こもりく)という感が深い」と共感し、圧倒的な「実感」に基づいて、ここは何とも言い難い「魅力ある場所」である、ということで世界の人々が一致したからであろう。

熊野は死者の国であり、同時に蘇りの地である。人々は熊野に参拝して、様々な悩みについて託宣を得るため、一歩一歩、万難を克服してここにたどりつこうとした。

歩くは、ここでは、目標と一体となっている。すなわち、精神と肉体が一体になる。この一点に「普遍的な価値」が認められる、というのが世界遺産としての登録であり、道はこの一体化の証拠（遺産）なのではないか。

歴史は蘇る

しかし、このような圧倒的な集客力を持つ熊野にも、近代に入って大きな変化が生まれた。これは熊野本体の変容と、歩く主体の変容が重なってきている。前者はこの土地が生んだ偉大なる植物学者であり、ある種奇人ともよばれた南方熊楠が激しく抗議したように、時の政府による「神社合祀令」（一九〇六年）によって、熊野古道周辺に存在していた神社の数が激減し、それと並行して鎮守の杜の多くが伐採されて「熊野詣の風習」もほとんどなくなってきた。そして、大正から昭和にかけて、道はかつてのような全国から人を集める参詣道ではなく、いつしか周辺住民の生活道路となっていったのである。

また、人々の生活も近代に入って大きく変容した。道に着目していえば、古道は、一部、コンクリートの近代的道路になり、そこには人に代わって自動車が走るようになった。こうして聖地は傷つき、歩く行為は消失しかけている。これを見た梅原猛は熊野を「日本の源郷」と規定したうえで、次のように述べている。

熊野古道は今はさびれている。もうここを旅する人はほとんどいない。しかし私は、今はもう一度日本人は熊野を想起すべき時であると思う。古代と中世の接点の時に、人はルネッサンスのごとく太古への回帰、自然への回帰の情熱に駆られてこの熊野へ蟻のごとく参った。今文明は再び太古と自然へ帰ることを要求しているのではないか。また、第二の蟻の熊野詣が始まる時期が来ているように思う(『日本の源郷』新潮社、一九九〇年)

しかし梅原の愁嘆の後、わずか一五年にして熊野はまさしく外国人を含めて、それこそ「蟻」のごとく人々が集まるようになった。そのきっかけが世界遺産の登録であった。今回の「道」の追加指定は、先に見た聖地と人々を結び付けるネットワークとしての価値を再確認したのである。

熊野古道を歩く外国人
写真協力：田辺市熊野ツーリズムビューロー

人気の中辺路は、さながら現代版「蟻の熊野詣」

おわりに

そこで最後に、この梅原の叫びに答えるために、世界遺産登録の過程で明らかになった事実を基にして今後について指摘しておきたい。

今回の追加指定にあたってすでにコンクリートによって固められてしまった道路は、そこが過去いかに偉大な古道であったとしても価値は認められないとして除外された。これは世界遺産の登録基準である「真正性」(原形のままでなければならない)に反する、ということもあるが、コンクリート道路は、先に見たような「精神性」を演出する舞台とは見られないということであろう【註4】。

もう一つは、古道をこれまで維持管理してきていた集落の人々が「少子化・高齢化」の中で、その力を弱めているということである。ことはコンクリートに反対するだけではおさまらない。放置され崩れるままになる状態を改善しなければならない。世界遺産に登録されるということはこのような維持管理・持続可能性が義務付けられるということでもある。私たちは、この点について、熊野古道では企業やボランティアなどによる「道普請」があることや、和歌山県の「世界遺産条例」(二〇〇五年)を重く見たい。条例には以下のように謳われている。

このような自然環境と、歴史的地理的な条件を背景に、この地域で神道、仏教、修験道などの多様な信仰が育まれ、日本人の精神文化に大きな影響を及ぼしてきました。

そして、神道と神仏習合の霊場「熊野三山」、真言密教の霊場「高野山」、そこに至る「熊野参詣道」や「高野山町石道」といった参詣道は、信仰を育んだ神秘的な自然と人々の営みが一体となった文化的景観とともに、世界に比類のない文化遺産であるという評価を受け、「紀伊山地の霊場と参詣道」としてユネスコ(国際連合教育科学文化機関)の世界遺産に登録されています。

私たちは、「紀伊山地の霊場と参詣道」の周辺環境も含めた資産を人類のかけがえのない宝として保存し、その価値を損なうことなく適切に活用するとともに、その意義を全国に、さらには世界へ向けて発信することが、広く有形及び無形の文化や自然環境の重要性等を訴えていくことになるということを、深く認識する必要があります。

「道」の文化的景観の保持、端的に、古来の「石畳」の再現は、近代化に対抗する新たな価値の提言であり全世界の「蟻」は道普請と条例を支持していかなければならないのではないか。

滝尻王子の石畳
写真協力：田辺市熊野ツーリズムビューロー

註

1 世界遺産の基準

「紀伊山地の霊場と参詣道」は、

「紀伊山地の文化的景観を形成する記念碑と遺跡は、神道と仏教のたぐいまれな融合であり、東アジアにおける宗教文化の交流と発展を例証する。

紀伊山地の神社と仏教寺院は、それらに関連する宗教儀式とともに、1000年以上にわたる日本宗教文化の発展に関するひときわ優れた証拠性を有する。

紀伊山地は神社・寺院建築のたぐいまれな形式の創造の素地となり、それらは日本の紀伊山地以外の寺院・神社建築に重要な影響を与えた。

紀伊山地の遺跡と森林景観は、過去1200年以上にわたる聖山の持続的で並外れて記録に残されている伝統を反映している」

として世界遺産に登録されたのであるが「道」についての特別なコメントはない。

2 道には、古道、街道あるいは道路と呼ばれる物理的なものだけでなく、武士道、剣道・柔道さらには華道・茶道など精神的なものがある。私は、この二つは近代になると分裂したが、本来は「法則に従いながら一つ一つ進んでいく」という点で共通性がある、と考えているのであるが、この点についてはさらに研究を続けたい。

3 熊野本宮は明治時代まで現在の場所ではなく、三面を熊野川など囲まれた中州にあった。これが水の国と呼ばれる要因であるが、世界中の聖地がおおよそ危険のない「高台」にあるのと比べると、極めて特殊なものである。また、現在、熊野川の上流にダムがつくられたこともあって水流に大きな変化が生まれていて、往時の姿をしのぶことは困難であるが、誰しも、死者の国であり、蘇りの地である聖地の「センター」は、この中州こそがふさわしいと思うであろう。

4 コンクリートの道がなぜダメなのか。これは大いに論じられるべき問題である。コンクリートの道路は、自動車と相まって、道の持つ交流あるいは目的地へ到達するスピード、安全性をなどの効用を極めて高めたが、本稿で見てきたような精神性は持たず、逆に破壊するものでもあった。古道、すなわち昔のままの道が世界遺産に登録されるということは、まさしく梅原の「歴史の転換」を示すものである。現代人も過去の人々と同じように、また、それが失われた分だけそれ以上に、歩きながらの自分と他者との対話を欲しているのである。

第四章　熊野古道を守るために

熊野古道を取り巻く森林
文化的景観と森林管理

速水 亨
速水林業代表

私と熊野古道

熊野古道が「紀伊山地の霊場と参詣道」として二〇〇四年に世界遺産に指定されてから一二年を経た二〇一六年、和歌山県の世界遺産である古道を補完する形で、新たに古道などが追加登録された。熊野古道は、熊野三山と京、あるいは伊勢神宮とをつなぐ、文字通り参詣道であった。二〇〇四年に世界遺産に登録された部分以外にも、各地にまだまだ知られていない、あるいは調査できていない古道が埋もれている。今後も関係者の努力で一連の古道をより完全に近い形で調査し、現代によみがえらせることがますます重要となっている。

私は、紀伊半島の熊野灘に面した三百年の歴史をもつ尾鷲林業地帯で林業を営んでいる。所有地を参詣道の一つである伊勢神宮と熊野三山をつなぐ伊勢道（伊勢路）が通っており、始神（はじかみ）峠と馬越（まごせ）峠の森林の一部を管理している。

以前は古道が古道と認識されず、石畳が敷かれた古い山道程度の認識であった。子供のころはシ

速水林業の森林を通る参詣道の馬越峠の石畳

速水林業の森林を通る参詣道の始神峠の切通し

ダが茂る狭い山道であり、石畳を苔が覆い、とても滑りやすく歩きづらい道であった。その道を、「抜き伐り」（今で言う間伐）され、皮を剝かれた丸太を滑らせて引き出していた。また馬越峠は、天倉山という頂上に眺望のよい岩がある山への登山道でもあった。それが私と古道とのつながりである。

紀伊半島南部の林業の歴史

紀伊半島の人工林の歴史は、日本で最も古いと言われる吉野林業に始まる。紀ノ川の上流吉野川の流域の川上村、東吉野村、黒滝村あたりの森林経営を指して吉野林業と呼ぶが、記録にあるだけで五百年ほどの植林の歴史がある。古くは秀吉の時代に、大きな城の建築や寺社仏閣の建築に使われ、その後は醸造のための樽生産に使われて、「樽丸」の呼び名で大径木のスギの育成が行われた。吉野川から紀ノ川へ筏で木材を運び、大坂への木材供給の拠点であった。

その育て方は、一ヘクタール（三千坪）に一万本（一メートルに一本の間隔）の苗木を植えて、何度も間伐を行い少しずつ木の本数を減らすことで、成長の管理を行い通直で細かい年輪の木を育てる技術である。そして最終的には高樹齢の大径木を生産した。

吉野の林業の中心地は川上村で、渓谷に囲まれた狭小な平地しかない山村であった。広大な森林を造林、伐採し、さらに筏で下流に運材する河川整備まで、膨大な財力を必要とするため、下流の資本家に地域の森林を長期間（今でも九九九年間の貸借契約が存在する）の貸し付けを行ったり、売却を行ったりすることで、森林管理という労働に地域住民が就けるような制度まで作られた。

私が林業を営む尾鷲林業地帯は、吉野から大台山系を越した太平洋側の熊野灘に面しており、吉野とは背中合わせである。この地も四百年近く続く林業地帯で、海と森林が接し良港が多いことから、吉野が大坂や京都へ木材を供給したのに対して、尾鷲は江戸に木材を運んだ。大きな河川はないため、細く小さな筏で木材を海に運び出した。あるいは山から直接海に木を落とすことも行われていた。こうして尾鷲の木材は、尾鷲港、引本港、長島港などそれぞれ深い入り江の浦々から江戸、東京へと送られた。

尾鷲林業も一ヘクタールに一万本以上の密植を行った。しかしそれは明治に入ってからのことであり、江戸時代は疎植で樽用材の樽丸生産も行われた。明治に時代が変わると伐期も短く密植になっていったが、造船業も盛んであったため、大径木の生産も「立木（たてき）」と呼んで単木的に伐期を超えて残した。あるいはまとまって高樹齢に大径木生産をする森林は、立木山と呼んで大事に育てた。その後、尾鷲林業地帯では三〇年生までで伐採するなど極めて短い伐期が行われるようになり、他の地域よりも資本の回転が良かった。

この地方の森林への投資は、後述するが製炭で蓄えられた資本や、良港と熊野灘という漁場を有す地域として、漁業からの収益をはじめ、様々な商業資本が純粋に利益を求めて森林に投じられた。

古道が通る三重県南部の熊野地域も奥深い森林があり、新宮を集積地とする熊野川流域の森林地帯となる。もともとは和歌山県と三重県の一部は紀州藩であり、似たような森林管理方法であった。特に新宮市からは江戸、東京に海運で木材が送られた。新宮に河口を持つ熊野川はその支流も含めて、広大な森林を流域に抱え大量の木材が川を通じて筏で新宮に集まった。国内でも新宮は木材の取引や製材で栄えた典型的な林業都市であった。

平地が少ない紀州地域の産業として、紀州藩は森林利用を重視した。吉野の材が出てくる紀ノ川河口（今の和歌山市）も、木材の集散地となり主に大坂に送られた。奈良県、和歌山県、三重県のそれぞれ南部は江戸時代にはすでに林業地帯であった。

もう一つ重要な森林利用に製炭業があった。人工林林業よりもさらに歴史は古く、伝承によれば弘法大師が日本に製炭技術を伝えたと言われている。今でもこの紀州から生産される備長炭は、白炭として珍重されている。

和歌山県、三重県南部の海岸林は、この備長炭に適した木材であるウバメガシが育つ地域である。またウバメガシだけでなくシイやカシなどで構成される暖帯照葉樹林は、奥山まで広がり、人々は山に分け入り炭窯を作り、そこに住まいして周りの森林から炭の材料を集めて製炭業に精をだした。今でも奥山の思わぬところで炭窯の痕跡に出会うことがある。

製炭の材料を得るために行う広葉樹の森林伐採は、「萌芽更新」と呼ばれ、伐った後に切り株から脇芽が出て、十数年で再び炭の材料となる。まさに循環可能な森林管理の実践であった。紀州藩はこの製炭を推奨するために、伐った後にスギやヒノキを植えることを許可し、一代限りの個人所有を認めたことにより、急速に人工林化が進み、また大規模な製炭事業を営む者もあらわれた。このように製炭と木材生産は和歌山県、三重県にまたがる紀州地域の二大産業になった。紀州藩は、木材と炭を大坂と発展し続ける江戸に船を使って送り届けることで、商材と燃料の両方を得ていたと言える。

このような紀州藩の政策と、吉野の下流資本の受け入れなどにより、紀伊半島の森林所有は中大規模が多いという特徴があった。つまり、古道が通る森林地帯の多くは歴史的に産業として利用されており、人工林化も進んでいた。古き時代に熊野三山を訪れる人々にとって、常緑樹の茂った広葉樹林、高山の針葉樹の天然林、そして今まで見たことのない整然と管理された人工林は、信仰とは別にあこがれを抱く景観であったことは想像に難くない。それは、「人工の日本三大美林」とされる奈良県の吉野スギ、三重県の尾鷲ヒノキ、静岡県の天竜スギのうち二つが紀伊半島に属することからも理解できるだろう【註1】。

古道としての認知と世界遺産まで

熊野古道が「古道」として意識されるようになったのは、一九九九年四月から一一月にかけて開催された「東紀州体験フェスタ」である。これは、和歌山県での南紀熊野体験博に呼応したもので、三重県の東紀州地域全域で開催された。南紀熊野体験博が、熊野古道や熊野三山を世に知らしめ、東紀州体験フェスタが伊勢道整備のきっかけとなったと言える。

しかし三重県の古道は峠に残っている。つまり伊勢神宮と熊野三山をつなぐ参詣道ではあるが、実際は人々が日々使う街道であった。現在では峠を挟む森林の中に開発を免れて残っているが、それ以外は長い間に開発されて町や農地に変わり、その姿は消えてしまった。残存する古道のうちの何か所かは、個人の長年の努力によって掘り出された道であり、その努力は評価されるべきである。

その後、二〇〇四年の世界遺産登録までの過程は、行政と一部の熱心な人々によって進められたが、多様なステークホルダーの意見を聴取し、その意向を様々な形で遺産登録の過程に反映していくことはできなかった。特に、当時の関係者には、古道とその周辺景観を文化財として見る視点が欠けていた。古道が通過する森林の所有者は多数にのぼるが、そうした人々に対しての配慮は十分ではなかった。行政は、実際に世界遺産になるときにバッファーゾーンの設定などで所有者に立ち合いを求めた程度で、ルートやその森林と古道との関係を、森林関係者の知識に求めようとは思ってもいなかったようだ。

古道の多くが森林の中を通っていることを考えれば、市町村も県当局も文化財担当と森林担当がしっかりと連携して調査を進めることで、違った展開があったのかもしれない。しかし、当時の行政は、多くの関係者から意見を聞いても、その意見をうまく政策に反映させる力量が備わっていなかった。このことがその後いろいろなところにひずみを生むこととなる。

まず、マスコミの活発な報道によって多くの人が知ることとなったのが、古道沿いの森林に赤いペンキで書かれた世界遺産登録への反対表明が目立つようになったことである。これは古道を世界遺産にするときのルート設定や世界遺産になった時の森林作業への影響などに関して、関係者との議論をせずに決めてしまったことなどに起因する。事前の適切な対応によっては回避できたことで、行き違いが強硬な反対活動と古道周辺の立木への意見表明の醜い塗布につながった。自ら所有する

台風で石畳に倒れ掛かったヒノキ

立木での意見表明とはいえ、ほめられたことではないが、世界遺産に登録されれば関係者に不便をかける可能性があることを、行政は事前の意見聴取や公聴会、調整などを通じて伝えるべきであった。また、当時の県政の幹部からは「熊野古道沿いの森林は人工林ばかりだ」と批判的な発言も少なくなかった。その影響もあり、一般からも「自然林を増やそう」という意見が出ていた。その最たるものが、尾鷲市にできた「熊野古道センター」正面へのアクセス歩道である。設計者の戸尾任宏氏は「古道周辺のようにヒノキの凛とした林をここに再現し、そして管理もする」と提案したが、当時の県の幹部はそれを広葉樹林に変えてしまった。今でも古道センターの正面の植栽は、まばらな広葉樹の植え込みになっている。短絡的に広葉樹林を是とし、針葉樹人工林を否定的に見る偏見が、古道本来の自然環境を見誤らせた結果である。

林業自体も影響を受け、周辺の森林の管理に突然困難が生じた。森林を間伐したり、すべてを伐採する「皆伐」をするときも、古道として有名になり多くの人々が歩く道になれば、その人々に対する安全管理が必要となる。架線を使って木材を空中移動させる仕組みも簡単には利用できなくなった。つまり本来の古道の姿である、管理されたヒノキやスギの森林を通る道ではなく、最も醜く木が倒れる危険性のある森林を作り出してしまう可能性が出てきたのである。

文化的景観と森林との関係

参詣道が世界遺産の一部の重要な要素として認められる過程で、政府がイコモスに提出した推薦状には、登録の価値証明で文化的景観の真実性及び完全性として、「紀伊山地は伝統的に林業の盛んな地域であり、線状に伸びる参詣の道や川に沿って展開する森林の多くはスギやヒノキを中心とする人工林となっている。これらの森林において長年継続されてきた林業は、信仰の山の経済的基盤ともなってきた重要な地場産業であり、人工林の景観は参詣の道や川とともに信仰の山の文化的景観を構成する重要な要素となっている。それらの地域は推薦資産の緩衝地帯に含まれ適切な管理が行われていることから、推薦資産と一体となった緩衝地帯の全域において、文化的景観に関する完全性の条件は十分に保持されている」【註2】と書いてある。

このことは古道の世界遺産としての真実性及び完全性に、古道とそれを取り巻く人工林の適切な管理が必須であると理解できる。

私自身は文化的景観と森林との関係を考えるとき、文化的景観が人々の活動とともに有機的に進化し続けるものと捉えるならば、林業活動が続いていかなければ古道周辺の文化的景観の完全性や真正性は失われるのではないかと考えている。その点、世界遺産と認められた当初は市町や県の行政は、世界遺産と森林管理の関係に意識が向いていなかったというのが実情であった。その意味で今はよりしっかりと林業者は世界遺産の景観に向かい合うべき時期だと考える。それとともに多くの人々が森林に足を運び、その変化を感じ取り世界遺産と森林とのかかわりについて、様々な意見を積極的に発言してほしい。

文化的景観が人々の生活の変化で、有機的に進化し続けるものであるなら、森林管理も時代の変化に応じて変わっていくところがあってもよいだろう。完全性や真正性の逸脱は避けなければならないが、それも充分な議論の中で決めていけばよい。人工林の景観は森林を管理する人の気持ちが表れる。ゆえに多くの意見の中で自らの経営で選択できるやり方を見つけていけば、その景観も多くの方が納得できるものとなるだろう。

これからの参詣道の森林管理

日本では、環境管理に重要だという理屈で政府は強力に間伐を推進させて、市場に間伐材が山から搬出されたが、需要は供給量に応じては増えなかったし、木材価格も安かった。しかし間伐補助金が出されたことで、安い木材価格でも供給は続き、木材価格は一九八〇年から下がり始めたが、二〇〇〇年以降輸入材の価格に影響がある円ドル相場も極端には変化しないなかで、国産材の利用率は増大するが木材価格は下がり続けるという、今までにない状況に陥り、林業経営はほとんど採算がとれない産業になってしまう。地域の林業の核となっていた中大規模森林所有者も林業から撤退し始め、林地の売却が続いている。

所有面積別林業経営実態

区分	林業粗収益	林業経営費	林業所得
全国	2,484	2,371	113
20～50 ha	2,773	2,013	760
50～100 ha	1,742	1,652	90
100～500 ha	3,198	3,309	△111
500 ha以上	9,346	13,851	△4,505

出典：総務省統計局林業経営統計調査（2013年度）より抜粋　単位千円

一方、世界的に森林管理はどのような状況になっているのだろう。基本は環境を重視した管理を求められている。もちろん国によって、地域によって森林管理は異なる。土質、雨量、気温、生息する生物によっても異なる。そのような自然状態の違いだけでなく、人とのかかわりによっても異なってくる。それでも地域の森林管理の独自性に基づきながらも環境管理が重視されている。日本ではそこが大事だとわかっていながら、今のところ詳細な対応はできていない。行政も森林と環境のつながりは積極的に説明するが、現実的な森林の環境管理基準は作っていない。

コストがかかるという説もあるが、先進国では林業の収益性は概ね厳しいが、日本ほど悲惨な状態に陥っている国はなく、環境要素が掛かり増しになるわけでもない。私自身の森林管理は、二〇〇〇年に国際的な森林の環境認証のＦＳＣを取得した。たしかに認証を取るには取得費用は掛かるが、基本的に森林管理の環境要素に掛かり増しにはなっていない。

その意味で私は古道周辺の森林は、やはり基本は環境管理を重視した姿が今の時代に合った管理だと考える。スギやヒノキの人工林は多様な樹齢が存在し、森林管理の考え方の違いで様々な景観を作っている。その中でも針葉樹人工林の放置林は構成樹種の単純さで、多様性の確保や景観の豊かさが欠落する。

個人的には今求められるスギやヒノキの人工林でも、林内に光を積極的に入れることにより、下層に下草が生え、中層に広葉樹、上層にはスギやヒノキの針葉樹と時には広葉樹もスギやヒノキの上層に割って入ってくる。そのような森林を育てることで、植物の多様性、昆虫や鳥類、小動物、そして大型の野生生物などが潜み、訪れる人々も納得する景観が出来上がると考えている。速水林業の例を挙げるなら、このようにして育てた森林の植物種は二四三種類が数えられる。この数字は速水林業が広葉樹林を生態系保護林に指定している地域で数えられる植物種が一八六種類であることを考えると、人工林は管理次第で多様性の高い森林も育てられることがわかる。

森林管理も時代の変化に応じて変わっていくところがあってもよいと考えた場合、例えば尾鷲林業地帯では、近年まで一ヘクタールに一万本のヒノキ苗木を植えて、常に森林を暗いままに維持することで、枝が太くならないようにして柱や板に製材した時に大きな節が出ないようにしていた。いわば手入れ不足同然の、下草も一本も生えない真っ暗なヒノキ林がその姿になる。この状態のまま放置されると本当にヒノキしかない下層は土むき出しの森林になってしまう。

このような森林を作らないためには、適切な森林管理を進めることが重要であるが、それもしっかりとした管理ガイドラインが必要だろう。林業者の経済的な厳しさはその技術力も奪っていく。そう考えると世界遺産の古道の両側五〇メートルをバッファーゾーンとしているが、この幅の森林に、まずはしっかりとした管理が必要だろう。本来なら行政がこのバッファーゾーンの森林管理を古道の新しいレジェンド（伝説）、スピリチュアル（精神的）な森林を育て上げるつもりで、管理に責任をある程度持つ必要があるように思われる。

おわりに
日本は国土の七割近くが森林であり、木を多用してきたので、森林を愛する国民と思われがちだ。しかし実際そうであろうか。日本人は今でも森の中には魑魅魍魎が跋扈していたり、祖先をはじめとした様々な霊が潜んでいたりすると想像し、畏怖する精神構造があると思う。
ヨーロッパなどでは、教会の建物は森を模して建てられ、太い柱は楢の木の幹、ドームを支える梁は森の樹冠の枝を表すと言われる。ゆえに人々は森に入れば教会の安らぎを思い、教会に入れば森の清らかさを感じられる。地形の問題も大きいが、欧州の森林を訪ねると多くの人々が、何をするわけでもなく森の中を歩いている。山に登るでもなく、単に森の中を歩くことを楽しんでいるように見える。森を怖いと感じる心を持つ日本ではまず見かけない光景だ。

自分自身を考えても、これだけ森林に慣れていても、夕暮れになると森に入る気はしない。心のどこかで「森には何か潜んでいる」と思ってしまう。やはりアニミズムのように木にも石にも神々が宿るように感じる。これこそが熊野の信仰に通じるものであろう。滝も巨石も川も信仰の対象であるが、さらに古道を囲む森林自体が知らず知らずに信仰の対象となっていたのではないだろうか。

「熊野の闇には色がある」という言葉がある。熊野の夜は本当に真っ黒な闇だが、そこは様々な霊や神々が跋扈する闇であり、うごめき渦巻く闇の色があるのだろう。人々は熊野の信仰である再生の願いをもってこの地を訪れる。そのような人々を迎える森林の昼間の姿は、明るく現代の人々の心に安らぎと豊かさを感じさせる「様々な生き物の命が息づく森林」に育ててみたい。生き物が躍動する昼間の明るい森と熊野の闇が支配する夜の森。その対比が訪れる人々に、より一層熊野の信仰を印象づける。

「紀伊山地の霊場と参詣道」という世界遺産を未来の子供たちに手渡すために、多くの人々に生命の躍動と感動を感じさせる、そんな森を地域の人々と育てていくべきである。

註

1 「天然の日本三大美林」は、青森ヒバ、秋田スギ、長野県の木曽ヒノキ。

2 文化庁「世界遺産条約　世界遺産一覧表記推薦書　紀伊山地の霊場と参詣道」

高齢樹のヒノキが上層にあり中層は広葉樹、下層にシダが茂る速水林業の森林

世界遺産の保全と地域の取り組み

真砂充敏　田辺市長

はじめに

二〇〇四年七月七日、中国・蘇州市で開催された第二八回世界遺産委員会で、「紀伊山地の霊場と参詣道」が日本で一二番目の世界遺産に登録された。

「紀伊山地の霊場と参詣道」は、「吉野・大峯」「熊野三山」「高野山」の三つの山岳霊場とそれらを結ぶ参詣道、そしてこれらの周囲を取り巻く文化的景観によって構成されている。この「吉野・大峯」「熊野三山」「高野山」は、神話の時代から自然崇拝に根ざした神道、中国・朝鮮半島から伝わり日本で独自の発展を遂げた仏教、その両者が結びついた修験道など、多様な信仰の形態を育んだ神仏の霊場であり、この三つの山岳霊場を結ぶ参詣道、「大峯奥駈道」「熊野参詣道」「高野参詣道」【註1】を経由して、都をはじめ全国から信仰を求めて人々が訪れた。紀伊山地は、日本の宗教・文化の発展と交流に大きな影響を及ぼすとともに、今もなお連綿と人々の中に息づいており、世界でも類を見ない極めて価値の高い文化遺産である。

この貴重な文化遺産が世界遺産に登録されたことは、これらの遺産が全人類の利益のために保護されるべき「顕著で普遍的な価値」を持つものであると同時に、現代に生きる私たちには、そのかけがえのない価値を確実に将来に引き渡す責務があることを意味する。当時、中辺路町長として世界遺産登録を目指してきた私は、登録決定の瞬間、大きな喜びとともに、次世代に伝えることへの責任の重さを感じたことを今も忘れることができない。

この「紀伊山地の霊場と参詣道」は、紀伊半島の南部、奈良県・三重県・和歌山県の広域に展開する世界遺産であり、霊場や参詣道に加え、この周囲を広範囲に取り巻く文化的景観が高く評価されていることから、これらを保存することには課題も多い。ここでは、私たちの取り組みや世界遺産への想いを紹介することとしたい。

古道の維持管理

三つの山岳霊場とそれらを結ぶ参詣道、そしてこれを取り巻く文化的景観によって成り立つ「紀伊山地の霊場と参詣道」にとって、この「文化的景観」こそが特長の一つであると言えるだろう。「文化的景観」とは、「自然と人間の営みが長い時間をかけて形作られてきた風景」であり、それは、信仰の対象となった山々や森、巨岩、あるいは、そこに暮らす人々の生活の場である棚田、畑、里山、街並みにほかならない。「文化的景観」は、人が暮らすこと、利用することで保たれる景観であり、生活の基盤となる自然を含めて、良好な状態で維持され、永く引き継がれていく必要がある。

登録資産の内、霊場については、それぞれの神社・寺院が管理を行っているが、参詣道（熊野古道）については文化財保護法の規定により指定された管理団体が、田辺市域内を通る古道については市が行っている。

この古道は、距離が長く面積も広大であり、しかもそのほとんどが山中に展開することから、登録当初から地元の森林組合に委託し、維持管理を行っている。今でこそ多くの来訪者が歩く熊野古道であるが、高度経済成長期以降の生活様式の変化による集落の移転や、モータリゼーションの進展により、新しく道路が整備されたことで、一九七〇年代の歴史の道調査事業やその後の整備事業を行った頃には、観光や巡礼のために訪れる人はおろか、地元の住民でさえも往来する人はほとんどなくなっていた。

そのため、山中を縫うように通る熊野古道は、わずかに山の管理や林業に従事する人々により利用され、維持されてきた。今こうして熊野古道があるのは、彼らの功績によるところが大きい。林業従事者を抱える森林組合には、古道や山林に関する膨大な量の情報やノウハウが蓄積され、山林の所有者、植林木の樹齢・伐期等は言うまでもなく、山中の危険箇所に至るまでを熟知している。こうしたことから、地元の森林組合に委ねることで、古道管理について早期の対応が可能となった。

また、雨の多いこの地域では道の傷みやその周囲の崩落など、修繕を必要とすることがよくあるが、このような時にも、林業施業で培われた技術(例えば、間伐材使用による木柵・木製擁壁、石積など)により、景観や周辺環境に影響を与えないように修繕することが可能で、古道の管理や世界遺産の景観保全に大いに役立っている。

こうしたことに加え、地元森林組合に古道の維持管理や世界遺産の保全を委託することで、新たな雇用の場の創出と林業施業の安定化に寄与するとともに、定住の促進、地域社会の維持・再生につながっている。

一方、今回追加登録された長尾坂では、「自分たちの地域を通る古道を自分たちで守り伝えたい」との思いから、地元の人々が中心となって古道の管理や草刈りが行われている。今回の追加登録で、保全すべき地域がこれまで以上に広大となっており、今後、古道の保全に当たっては、地域住民の理解と協力が不可欠であることは言うまでもない。

林業施業技術で修繕が行われた中辺路・潮見峠越の古道

地元住民による中辺路・長尾坂の草刈り

「道普請」と多様な参加者

保全と活用は、難しい課題であり一見矛盾するように思われがちだが、「紀伊山地の霊場と参詣道」世界遺産は保全と活用が表裏一体を成す、「保全ができて活用があり、活用があって保全ができる」世界遺産である。

道は使われなくなると廃絶する。だからこそ管理しながら使われることに意味がある。熊野古道も過去には忘れられた存在に近かった。その古道が世界遺産となった今日、保全と活用の両立を目指して生まれたのが「道普請」である。道普請は、古くは自分たちの道を守るために地域住民が続けてきた道路の修繕や側溝の清掃、草刈りなどの活動である。

現在の熊野古道では、和歌山県世界遺産センターが呼びかけ、企業、学校、観光客などの一般の人々がボランティアとして、流出した土の補充や石畳上に積もった土の除去、側溝・横断溝の清掃や浮き石拾いなどの保全活動に参加している。この道普請では、世界遺産センターは作業の指導も行っており、田辺市も史跡の管理団体として作業に協力している。

また田辺市でも、小学生以上の田辺市民を対象に、熊野古道を歩く熊野古道ウォークと併せて、

企業ボランティアによる道普請活動

熊野古道環境保全ウォークでの道普請活動

雨水などで土が流され傷んできている箇所の道普請（土のう袋に土を入れ、道の傷んだ箇所まで運んで補充し、地ならし用の木製の工具で固める）や清掃を行っている。

こうした道普請の活動は、「世界遺産に触れる絶好の機会」「普通はできない文化財・世界遺産の修復に直接関わることができる貴重な体験」として参加者にも好評である。職場の連帯感や地域貢献にもつながることから、社員研修として採り入れる企業も増えてきており、あらゆる人々が世界遺産の保全に直接関わることができる。それが熊野古道の魅力であり、今後も多くの方々に道普請へ参加いただき、その価値を伝えていきたいと考えている。

「語り部ジュニア」による次世代育成

世界遺産を後世に伝えていくために、次世代を担う子どもたちが果たす役割は大きい。田辺市では、地域の歴史や文化を学ぶとともに、この学びの中で得たさまざまな人との出会いや交流を通して、地域を大切にしようとする心を育てる取り組みを進めてきた。特に熊野古道が通る本宮町や中辺路町の小中学校では、熊野古道や沿線に残る文化財について学び、語り部として実践する「語り部ジュニア」活動を通して世界遺産への理解を深めてきた。

二〇〇六年から、この「語り部ジュニア」活動に取り組んできた三里小学校では、校区を通る熊野古道の歴史や文化、世界遺産の価値や魅力について、この地域で活躍する語り部の会のメンバーから指導を受け、また、先輩から引き継いだテキストを読んで学んでいる。その成果は、地域の人々や、交流活動でこの地を訪れた学校の児童・生徒とのコミュニケーションに活かされている。

また、世界遺産の登録から一〇年が経過した二〇一四年からは、先進事例を参考に、田辺市内の熊野古道の沿線にある小中学校すべてで「熊野古道語り部ジュニア」の取り組みが始まった。田辺市における熊野古道の入口である芳養（はや）王子から、世界遺産に追加登録された市街地の闘雞（とうけい）神社を経て、熊野詣（もうで）の目的地である熊野本宮大社までを、子どもたちによる語りでつなぐことで、彼らが郷土の自然、歴史や文化を学び、世界遺産の価値や魅力を理解し、ひいては地域への誇りや関心を深めることを期待している。

三里小学校児童による語り部ジュニア活動

「祈りの道」がつなぐ国際交流

「紀伊山地の霊場と参詣道」と並び、道の世界遺産としてよく知られているのが「サンティアゴ・デ・コンポステーラの巡礼路」である。これは、イエスの十二使徒の一人聖ヤコブの遺骸があるとされるカトリックの三大聖地の一つ、スペイン・ガリシア州のサンティアゴ・デ・コンポステーラ市のカテドラル（大聖堂）を最終目的地とする巡礼路で、一〇世紀には巡礼の記録が残されている。中世以降には、数えきれないほどの巡礼者が往来し、今もなお各地から巡礼者が絶えることがない。聖ヤコブの象徴であるホタテ貝は、巡礼のシンボルともなっている。

このサンティアゴ・デ・コンポステーラの巡礼路と熊野古道は、その起源を千年以上前に遡る歴史的「巡礼の道」として知られる。その距離は、ともに全長数百キロメートルに及ぶ。田辺市の熊野本宮大社は、古来より多くの参詣者が目指す熊野三山の一つであり、サンティアゴ・デ・コンポステーラ市にあるカテドラルは、巡礼道が終結する聖地である。

ヨーロッパの西の果てとアジアの東の果てに位置する二つの祈りの道。それぞれ文化は異なるが、今も世界中から多くの参詣者・巡礼者が訪れるように、人々を惹きつけてやまない魅力を持っている。その根幹には、自然を敬い、神との共生あるいは仏との共生を願い求める思想的な共通項がある。

ユネスコ憲章の前文には、「戦争は人の心の中で生まれるものであるから、人の心の中に平和のとりでを築かなければならない」とある。世界各地で紛争が絶えない今、ユネスコが目指す「人の心の中に平和のとりでを築」くためには、違いを認め合うだけでなく、お互いの共通項を見つけていくことが必要なのではないか。東西の聖地と巡礼道、また、そこにある人々の想いや祈りの行く末を思うとき、私は、熊野がもっとこの想いを発信できるのではないかと考えてきた。

サンティアゴ・デ・コンポステーラの巡礼者

十二使徒聖ヤコブの象徴であるホタテ貝は巡礼のシンボル

そうしたことから、日本とスペインの交流四〇〇周年、そして「紀伊山地の霊場と参詣道」の世界遺産登録一〇周年を契機に、二〇一四年五月に田辺市とサンティアゴ・デ・コンポステーラ市は、巡礼の道を活かした「持続可能な観光地づくり」と「巡礼文化の世界発信」を大きな柱とする観光交流協定を締結した。翌年には、両市が共同で共通巡礼手帳を作成し、この二つの道を歩いて巡礼を達成した巡礼者に証明書を発行するなど、世界中の多くの人々を招来するための取り組みを進めている。

近年、熊野には外国人、特に欧米からの来訪者が増えてきた。一方で、日本からサンティアゴ・デ・コンポステーラ市を訪れる人はどうだろうか。東西で異なる巡礼文化を有する二つの街が、より良い関係を深めていくことで、互いの文化を知り、違いを認め、相通じるものを知る。その行く先には、ユネスコが目指す世界の平和が見えてくる。そのためには、もっと何かできるはずだ。田辺市から世界へ発信するにはどうしたらよいのか、その問いに常に向き合っていきたい。

先人の知恵を活かした環境保全を目指して

二〇一六年一〇月、かねてから取り組んできた「紀伊山地の霊場と参詣道」の軽微な変更提案が承認された。既に登録されていた資産と同等の価値を持ちながら、それぞれの事情から登録されていなかった田辺市の闘雞（とうけい）神社や北郡越（ほくそぎ）・長尾坂・潮見峠越・赤木越の四古道のほか、和歌山県内全体で二二か所が今回追加登録された。これにより、私たちはこれまで以上に「紀伊山地の霊場と参詣道」が持つ「顕著で普遍的な価値」を後世に引き継ぐ努力を重ねなければならないが、その課題は山積している。

範囲が拡大したことで、維持管理はさらに難しくなるほか、古道沿線の地域は過疎化が激しく、人口流失や高齢化により休耕田が増加していることなども大きな問題である。一方で今回の追加登録では、初めて市街地にも構成資産が加わることとなり、これまでとは違う新たな景観保全対策を考える必要にも迫られている。

古道が通る山林の保全も大きな課題である。間伐などの手入れがされない植林地の増加や、近年の異常気象による大雨が原因で起こる土砂災害は、古道の保全はおろか、それを担う地域の存続をも揺るがしかねない。

この問題に対しては、間伐の実施のほか、生産力の低い人工林を中心に広葉樹林化し、豊かだった古き熊野の森を育成することにより、森林が有する多面的機能を取り戻すための森林整備に取り組み始めた。これには、「天空三分」と「万年小丸」とよばれる古くからの地域の知恵を参考にした。「天空三分」とは、尾根を含む山の上部三割は人工林とせず、自然のまま残して管理する方法であり、山の上部三割の広葉樹が葉を落とすことで、地表の浸食を防ぎ、腐葉土となって良質の木を育て、森を育てるという。一方の「万年小丸」とは、その地に合わない木を植えても、その木はずっと小さいままで大きくはならないという意味である。

こうしてみると、今日的課題となっている大きなテーマも、私たちの地域では、古より先人達がその意義を理解し、伝え続けてきたように思えてくる。私たちはとある一時期、先人が残した知恵を忘れて異なる方向に走ってしまったのではないだろうか。思い返せば、「紀伊山地の霊場と参詣道」は、たんに霊場と参詣道が認められたのではなく、その信仰や思想、人々の暮らしとその背景にある自然、言い換えれば人と自然がともに織りなしてきた風景、人と自然とが共生する考え方が文化的景観として認められ、世界遺産として登録されている。その意味を忘れてはならないだろう。

世界遺産を守り、次世代に継承するためには、まず人がなくてはならない、自然がなくてはならない、そして地域がなくてはならない。たんに文化財を守るだけではなく、例えば市街地の活性化や山村地域の過疎対策など、世界遺産が展開する地域を守り、人を育てるための総合的な政策が必要であることが見えてくる。行政だけではなく、地域住民や来訪者、熊野に魅力を感じ応援してくれる世界中の人々とともに、課題の解決に取り組んでいきたい。

追加登録地・熊野参詣道中辺路 長尾坂

市街地では初の登録地・闘雞神社の例大祭「田辺祭」

註

1 二〇一五年一〇月、高野山に参詣するための諸道（三谷坂・京大坂道不動坂・黒河道・女人道）が国の史跡に指定されたことに伴い、それまでの「高野山町石道」から「高野参詣道」に名称変更された。

熊野古道をめぐる議論

「顕著で普遍的な価値」と今後の論点

西村幸夫
日本イコモス国内委員会委員長

二〇〇三年世界遺産登録推薦まで

「紀伊山地の霊場と参詣道」は二〇〇一年に、石見銀山遺跡、平泉の文化遺産とともに日本の暫定一覧表に登録された。これらの資産は、従来の世界文化遺産の類型とは趣を異にした、新しいタイプの文化遺産の代表例として選ばれている。すなわち、熊野古道という巡礼路と聖なる山々、石見銀山という産業遺産、そして平泉という従来の畿内中心の建築文化とは異なる文脈の北方の都市文化の代表例として選択された。

それまでの暫定一覧表に掲載された文化遺産の多くが、法隆寺や姫路城のような単体のモニュメントであったのとは異なり、当時、世界的にもようやく認知され始めてきた新しい分野の文化遺産であった。こうした資産を世界遺産リストに加えることによって、日本の文化の多様性を示すのみならず、世界の文化の多様性確保にも貢献するという狙いがあったといえる。

とりわけ紀伊山地の霊場と参詣道は、「文化の道」、「聖なる山」そして「文化的景観」という、当時、世界文化遺産の対象として認知されて日の浅いジャンルが三つも重なるという挑戦的な資産であった。

「文化の道」とは、「文化的重要性が国や地域間の交易及び多面的な交流に由来する有形の資産、並びに時間と空間の中における道に沿った移動の相互交流を跡づける有形の資産から成る」【註1】とされており、すでに「サンティアゴ・デ・コンポステーラへの巡礼路」が一九九三年に世界遺産に登録されていた。これは、スペイン国内の巡礼路に沿った約一八〇〇件の建造物が一体となって、文化の交流の跡を示したものとなっている。その後、交易を主とした文化の道として、二〇〇〇年にオマーンの「乳香の交易路」（二〇〇五年に「乳香の土地」と改称）が登録されている。

「聖なる山」の側面に関しては、自然地形としての山が信仰対象となる道筋は地域ごとに異なっている。そのため、二〇〇一年に和歌山県が中心となって「アジア・太平洋地域における信仰の山の文化的景観に関する国際専門家会議」が開催され、アジア・太平洋地域の信仰の山の特色が明らかになっている。

同会議の結論のひとつとして、アジア・太平洋地域の聖なる山は次の四つの類型に分けることができるとされた。

① 山そのものが神聖であると考えられている山
② 神聖なるものを連想させる山
③ 山の一部に神聖な地区や場所、神聖なモノがある山
④ 神聖な儀式や儀礼が行われる山

世界遺産「サンティアゴ・デ・コンポステーラへの巡礼路」沿いに佇むサン・ペドロ・デ・ラ・ナーベ聖堂（スペイン、サモラ県） Photo © Richard Semik

世界遺産「トンガリロ国立公園」（ニュージーランド）にあるトンガリロ山。最高峰ルアペフ山、ナウルホエ山とともにマオリ古来の聖地
Photo © Guido Vermeulen-Perdaen

また、聖なる山を「精神的なるものと物理的なるものが統合した自然の高地」【註2】と広く定義し、その価値評価にあたっては有形のもののみならず無形の要素にも配慮すべきことを指摘している。たとえば、ニュージーランドのトンガリロ国立公園は一九九〇年に世界自然遺産に登録されていたが、一九九三年にマオリ族の信仰との関連から、価値基準(vi)を用いて文化遺産としても認められた。ここでは、トンガリロ山は①「山そのものが神聖であると考えられている山」と認められたといえる。

紀伊山地の霊場と参詣道は、吉野・大峯と熊野三山、高野山という三つの霊場が存在するという意味では、③「山の一部に神聖な場所がある山」であり、同時に修験道の道場として④「神聖な儀式や儀礼が行われる山」ということになるだろう。また、巡礼という行為自体も、ここではたんなる目的地である聖地を目指す道行きであること以上に、山々を経めぐることで「六根清浄(ろっこんしょうじょう)」、すなわち心身ともに清められるという神聖な体験を伴うものとして重要であるといえる。

第三の「文化的景観」に関しては、紀伊山地の巡礼路と聖地とそれをとりまく山々の景観が一体となってひとつの景観を形成している点で、文化的景観と捉えたのだろう。日本が文化的景観のカテゴリーを用いて世界遺産を推薦するのはこれが初めてだった。

二〇〇三年世界遺産登録推薦の時点での論理

二〇〇二年初めに世界遺産登録のための提案書が文化庁から提出された際のタイトルは「紀伊山地の霊場と参詣道、およびそれを取り巻く文化的景観」【註3】というものだった。聖なる山と文化の道、そして文化的景観という三つの主張が表題に素直に表れている。

世界遺産の評価基準

(i)	人間の創造的才能を表す傑作である。
(ii)	建築、科学技術、記念碑、都市計画、景観設計の発展に重要な影響を与えた、ある期間にわたる価値観の交流又はある文化圏内での価値観の交流を示すものである。
(iii)	現存するか消滅しているかにかかわらず、ある文化的伝統又は文明の存在を伝承する物証として無二の存在（少なくとも希有な存在）である。
(iv)	歴史上の重要な段階を物語る建築物、その集合体、科学技術の集合体、あるいは景観を代表する顕著な見本である。
(v)	あるひとつの文化（または複数の文化）を特徴づけるような伝統的居住形態若しくは陸上・海上の土地利用形態を代表する顕著な見本である。又は、人類と環境とのふれあいを代表する顕著な見本である（特に不可逆的な変化によりその存続が危ぶまれているもの）。
(vi)	顕著な普遍的価値を有する出来事（行事）、生きた伝統、思想、信仰、芸術的作品、あるいは文学的作品と直接又は実質的関連がある（この基準は他の基準とあわせて用いられることが望ましい）。
(vii)	最上級の自然現象、又は、類まれな自然美・美的価値を有する地域を包含する。
(viii)	生命進化の記録や、地形形成における重要な進行中の地質学的過程、あるいは重要な地形学的又は自然地理学的特徴といった、地球の歴史の主要な段階を代表する顕著な見本である。
(ix)	陸上・淡水域・沿岸・海洋の生態系や動植物群集の進化、発展において、重要な進行中の生態学的過程又は生物学的過程を代表する顕著な見本である。
(x)	学術上又は保全上顕著な普遍的価値を有する絶滅のおそれのある種の生息地など、生物多様性の生息域内保全にとって最も重要な自然の生息地を包含する。

推薦書では、九世紀から一一世紀にかけて紀伊山地というひとつの地域に真言密教、修験道、神道と仏教徒の混淆という三つの異なった聖地が並立し、これらの聖地をつなぐ参詣道が発達し、アジア太平洋地域においてもっとも傑出した聖なる山々といえる価値を有している点が強調されている。

単一の地域に三つの聖地が並立しているような事例は他に認められないので類似資産との直接的な比較はできないとして、比較研究は行われていない。

価値評価にあたって（ii）（iii）（iv）（vi）の四つの基準が提案された。

文化の交流を表わす価値基準（ii）は、仏教および仏教・神道混淆を示す資産が数多く含まれていることから、提案されている。

文化的伝統の物証を示す価値基準（iii）は、特に参詣道沿いの王子やその他の考古学的遺跡などに見られるような巡礼の文化的伝統を評価したものである。

歴史上の重要な段階を示す建造物などの価値に着目した価値基準（iv）は、三つの霊場に数多く残されている歴史的建造物群、とりわけ熊野三山の建造物群や高野山奥の院に多数みられる墓石や祈念碑等に十分適合していると主張している。

顕著で普遍的な価値を有する信仰等との関連から評価される価値基準（vi）については、提案した資産全体が神道と仏教そして修験道の信仰のあり方を示すものとして、その価値が主張されている。加えて、熊野古道沿いには自然物の崇拝や種々の伝統的な宗教行事が生き続けており、東アジアの聖なる山のひとつの典型例であるとされている。

二〇〇四年登録時の経緯と価値に関する議論

二〇〇三年一月末に提出された提案書は、一年余をかけてイコモス（国際記念物遺跡会議）によって審査された。全体として、イコモスは提案書の議論に好意的であり、とりわけ文化的景観としての価値を高く評価した。自然と文化が融合したような文化遺産の日本的なあり方に正面から光をあてるこの提案は、文化と自然との関係に欧米にはない視座を導入するもので、当時盛んになっていた文化的景観の議論とその可能性を大きく開くものと評価された。ただし、資産名称についてはイコモスの提案を受け入れて、「紀伊山地の霊場と参詣道」と短縮された。

二〇〇四年六月から七月にかけて中国の蘇州で開催された第二八回世界遺産委員会において、「紀伊山地の霊場と参詣道」は世界遺産リストに搭載されることとなった。用いられた価値基準は日本からの提案通り、（ii）（iii）（iv）（vi）の四つだった。

紀伊山地の霊場と参詣道の顕著で普遍的な価値に関しては、前年の二〇〇三年に世界遺産に登録された、イタリアの「ロンバルディアとピエモンテのサクリ・モンティ」（価値基準（ii）（iv））と対比することによって、両者の差異がより明確になる。

サクリ・モンティとはイタリア語で「聖なる山」の複数形であるが、山岳の一地区にローマ・カトリック教会の複数の教会群が巡礼地の代わりとして一六世紀後半から一七世紀にかけて建てられたものである。

サクリ・モンティの場合、山と表現されてはいるものの、実際に信仰の対象となっているのは小高い丘に展開する教会群であり、山そのものや自然の中の巡礼路が固有の意味を持つものではない。

オロパのサクリ・モンティ（イタリア、ピエモンテ州ビエッラ）の雪景色。世界遺産「ロンバルディアとピエモンテのサクリ・モンティ」の９つの聖山で最も名高い　Photo © rcaucino

一方で、アジア・太平洋地域においては、二〇〇四年時点ですでに、先述したトンガリロ国立公園のみならず、中国の泰山（一九八七年、価値基準（ⅰ）（ⅱ）（ⅲ）（ⅳ）（ⅴ）（ⅵ）（ⅶ））と黄山（一九九〇年、価値基準（ⅱ）（ⅶ）（ⅹ））が複合遺産として世界遺産一覧表に登録されていた。

泰山は道教の聖地として有名であるが、ふもとから泰山山頂まで六六六〇段の石段が続く光景は二千年の間に造り上げられてきた景観として傑出している。また、泰山は二千年に及ぶ芸術や建築文化の交流の源泉となった山としても貴重である。

黄山は古来より景勝地として知られ、道教や仏教の寺院が数多く建てられたほか、明代には山水画を生んだ景観としてよく知られている。

泰山や黄山が圧倒的な眺望を誇るのに対して、熊野古道に代表される紀伊山地の景観は、林間という自然の胎内を経めぐるように、自然の中に包み込まれ、浄化されていくという性格を色濃く有している。同じ東アジアの聖なる山だとしても、泰山や黄山と紀伊山地の霊場と参詣道とは信仰と自然との関係に大きな差異がある。

二〇一六年拡張登録申請時の論理とイコモスの評価

二〇〇四年の第二八回世界遺産委員会（蘇州）において「紀伊山地の霊場と参詣道」が世界遺産として登録された際、付帯して決議された保存管理計画の改訂に関しては、二年後の世界遺産委員会での審議にかけるため、二〇〇六年二月までに改訂案が提出された。同案は同年に開催された第三〇回世界遺産委員会（ヴィルニュス）において書面審議された。決議文の中には、持続可能な保護施策のために、今後も必要であれば数値基準などのモニタリングを続けることが有効であることが指摘されている。

この点に関して、改訂版保存管理計画に沿ってより確実な資産の保存および管理を進めること、当時に並行して進められた追加の史跡指定に向けた調査が和歌山県において進められた。その結果、文化庁による新たな史跡指定がなされたことによって、確実な保存措置がとられたので、二〇一五年に軽微な拡張申請を行うこととした。

今回の申請は、拡張登録に当初より熱心であった和歌山県内の参詣道の部分に限って行われた。対象となったのは、熊野参詣道と高野山町石道で、前者は構成資産が七・三ヘクタール増加し、計一三六・九ヘクタールとなった。後者の町石道部分は、周辺の黒河（くろこ）道、女人（にょにん）道、京大坂道を加えた計三・八ヘクタールが追加され、合計一八・一ヘクタールとなった。また、高野山周辺で町石道以外の三つの参詣道が追加されたため、名称を高野山町石道から高野参詣道に変更することを提案している。

これらの拡張によって、参詣道は全体で三〇七・六キロメートルから三四七・七キロメートルへ、延長で一三パーセント増加している。

つまり、二〇〇四年段階で指摘された課題に対して、その解決の方策のひとつとして追加登録があるというのが申請者側の論理だった。調査が進まないため文化財指定を行うことができず、世界遺産の構成資産とすることができなかった熊野古道の部分が、少しずつつながり、保護される沿道面積が増加することは、たしかに、熊野古道の本来の意味からも、世界遺産の保存にとっても好ましいことである。

並行して、二〇一一年の台風一二号による紀伊半島大水害の経験から、台風や大雨をはじめとして地震や津波などの自然災害への対処を盛り込んだ包括的保存管理計画および各県の保存管理計画の改訂状況を報告しているほか、熊野古道の利用者の安全確保を徹底するための携帯電話環境の整備や案内標識の充実などを実施する計画について、あわせて世界遺産委員会へ報告している。

二〇一六年の拡張登録の日本からの提案について、イコモスは評価書の中で、これが二〇〇四年の世界遺産登録時からの課題解消へ向かう一連の努力の中のものであること、およびこの拡張によって資産全体の真実性と全体性（完全性）が強化されることになると評価している。

同提案は当初、二〇一六年七月開催の第四〇回世界遺産委員会（イスタンブール）で審議される予定であったが、トルコのクーデター事件の余波で審議が延期され、同年一〇月のパリでの継続審議において、拡張が承認された。

台風12号で崩落した熊野古道と森林

自然に近いかたちで再現された崩落箇所

新たに見えてきた熊野古道の今後の論点

筆者は今回の熊野古道の拡張登録提案の作業に関して、三県協議会専門委員会の委員および変更申請書作成・保存管理計画改訂にかかる有識者委員会のメンバーとして、議論に参加してきた。その中で見えてきた、熊野古道の今後の論点のいくつかについて触れておきたい。

まず、「どこまでが熊野古道か」という議論である。古道はひとつとは限らない。時代によって道が変わることもあれば、同時代であっても複数の道が存在することもある。よく考えればごく当たり前のことなのであるが、これを現代の保護措置の枠組みに入れようとすると、土地を特定し、そこに固いルールを適用していかなければならない。史跡としての文化財指定も地番で行われている。国指定文化財として守られていることが前提となる世界遺産の構成要素も同様である。この矛盾をどのように受け止めるべきなのか。

今回の拡張登録において、中辺路(なかへち)の北郡越(ほくそぎ)や赤木越のように複数の巡礼路を同時に世界遺産の構成要素として認めるという姿勢を明確に打ち出している。とりわけ、高野山周辺の地域では、従来の町石道だけの登録から、女人道、黒河道、京大坂道を加え、これに従来の町石道を加えて、高野参詣道と改称するという大幅な拡充を行っている。これも高野山へアクセスするルートは複数あることを認め、さらには女人禁制であった高野山の山際を経めぐるように女人道が設けられていたものを参詣道のひとつとして加えることによって、参詣のあり方そのものを多様化・相対化している。

巡礼道というものは、巡礼するという行為が先にあって、その役割を果たすための道が生まれるのであって、逆ではない。巡礼という行為が続く限り、時代とともにその器である道の方がさまざまな理由によって移り変わるというのは自然な現象だといえる。特に、地滑りや洪水などの自然災害によって道が流されてしまったような場合には、新たな迂回路を造ることは古くから当たり前のようになされていたはずである。

しかし、史跡指定にあたっては、道の物理的位置の確定が優先され、たとえ道が土石流で流されたとしても、もとの位置に道を復元すること以外に選択肢を持たないことになる。かつて、道はもっと柔軟に動いていたはずなのが、近代の保存法制が道の機能を固定された場所から自由にできなくしてしまう。

巡礼という行為を保証することが最優先されるべきはずなのに、制度がそこまで柔軟に対応できていないという問題がある。

さらに周辺に目を向けると、本来の熊野古道に到達するには国道四二号線や三一一号線などの一般道路を通ってアプローチすることになる。では、それらアプローチ道路の沿道景観も古道とまったく無縁であっていいのか、という問題がある。少なくとも見苦しい野立て看板や周囲に不釣り合いな奇抜な観光施設などは避けてもらいたいというのは自然の願いだろう。

どこまでを熊野古道というのか、どこまでを熊野古道として守れるのか。どこまでを熊野古道にふさわしい環境として守るのか——課題はひろがる。

熊野古道を守るために必要なことは何か

次に、熊野古道の位置は特定できたとして、その古道を守るためには何をすればいいのか。

従来の文化財であれば、人手から隔離して、大切に保管することが守ることを意味していたが、道のような土木遺産は使わなければ守れないし、守る意味もない。

したがって熊野古道を守るということは、熊野古道を歩くということと重なる。歩けるような状態に保っておくということも大切である。つまり、熊野古道の世界遺産としての構成部分の増加は、それだけ熊野古道の露出を増やすことになり、結果として熊野古道を歩く人が増えることに貢献することになる。

通常の文化遺産の場合は、有名になると来訪者が増えて、それが観光公害などの問題を引き起こすということになるが、熊野古道の場合、歩く人の増加が、通常ではそのまま古道が維持されることにつながる。

ただし、歩く人の数にも限度というものがあるだろう。歩き方そのものにも注意が必要な場合がある。巡礼の道という雰囲気からあまりにはずれるようなイベントやスポーツ登山のような利用は好ましくないだろう。

熊野古道の場合、三県の合意によって「紀伊山地の参詣道ルール」が定められており、「いにしえからの祈りの心をたどります」といった八項目の約束事がうたわれている。しかし、トレイルランのような観光イベントが地域振興に役立つと考える向きもあり、巡礼道としての古道との向き合い方は地域ごとに異なっている。

現実的に考えると、熊野古道を歩く人のほとんどは長く続く道のごく一部を、巡礼以外の目的で歩いている。しかし、だからといってこれらをすべて観光とひとくくりにするのには違和感がある。歩く人の目的はさまざまだろうが、歴史と自然を感じながらこころ静かに歩く人や、森林浴にリフレッシュを求めて歩く人、古道に癒しを求める人、古くからの巡礼の物語に心を寄せながら歩く人など、明らかにスポーツトレッキングとは違っている。見方を変えると、これらはどれも現代の巡礼とでもいえるのではないだろうか。

現代における巡礼のひろがりをどこまで受容するかを考えることから熊野古道を守るために必要なことは何か、という問いに対する答えが形づくられるように思う。

外部との接点の新しい可能性

最近の傾向として、欧米の人を中心に熊野古道を歩く外国人が増えているということが挙げられる。ほかの地域では失われてしまったスピリチュアルな日本が山深い紀伊山地には残されていることに魅力を感じて、長距離を歩く人たちが、欧米人を中心に少しずつ増えている。

アジア・太平洋地域の聖なる山の神髄を味わう現代的な巡礼の旅を、アジアの人間ではなく、欧米の人たちがし始めている。このことに、アジア人のひとりとして、いささか情けない気持ちも感じないではない。しかし、文化に一番敏感な人たちに熊野古道の魅力がしっかりと伝わってきつつあるとするならば、その具体的な内実を把握し、そうした環境を補強する施策を立てていくことが肝要である。

一方で、熊野古道の地元では、和歌山県が主唱して、道普請と称してボランティアの人々が古道の普請のために、土を持って古道までのぼり、路面の土砂流出を補うための土補充を行うことが続けられている。年間二千人以上が和歌山県の道普請に参加しているという。企業のＣＳＲ（社会的責任）活動の一環としても実施されている。

また、今回の拡張登録で田辺市の都心近くにある鬪雞神社が構成資産のひとつに加えられた。田辺は大辺路と中辺路の分岐点にあたり、鬪雞神社もその分岐点からほど近いところに位置しており、熊野参詣に際しては心願成就を祈願した神社として名高い。

これまで世界遺産として登録されている熊野古道の部分は山中の尾根道の部分が多く、都市内部の資産は霊場以外にはなかった。それが、闘雞神社が登録されたことにより、田辺という地域拠点都市との関係において熊野古道を考える契機が生まれたということができる。

同様のことは、黒河道の追加登録によって高野山と直接古道で通じることとなった紀の川流域の拠点都市、橋本市にもあてはまる。都市活性化の戦略の中で世界遺産を語ることができるという状況が生まれた。

企業による石畳再生プロジェクト

中辺路ルートの「女坂」に3年計画で石畳を再生した（右は作業前、左は完成後）

広域かつ多層の計画調整と保存管理の問題

今回の拡張登録はひとり和歌山県のみが実施したが、とぎれた古道を延長して、なるべく長い距離を参詣道として世界遺産に含めていくことは、資産の全体性（完全性）の確保のためにも、地域振興のうえでも望ましいことに違いはない。この点に関しては、二〇一六年のイコモスによる評価書においても、今後の追加登録の予定を明らかにすることが求められており、三県協議会としては中期的な展望を持っておく必要があるだろう。

こうした動きを残りの三重県、奈良県でも行うことが可能なのかは、それぞれの県の意向にかかっている。また、世界遺産の追加登録の前提となる国指定史跡に向けた調査研究の過程は、それ自体、地域研究を深化させるものとして重要である。

広域調整の問題は、追加登録への対応のみならず、観光振興への対応（たとえば古道の利用をどこまでひろげるか）や広域的な景観規制（たとえば熊野川をはさんだ両岸の景観規制の二県間の調整）、紀勢自動車道の建設や風力発電施設などが古道の眺望に与える問題、大規模な皆伐など林業の施業計画との調整、自然公園行政や保安林・保護林との調整、さらに広く国有林野の管理との調整、河川管理者との調整など多岐にわたる。

さらに今後も増え続けることが予想される古道を歩く人たちの安全管理（たとえば携帯基地局の設置）、古道そのものの維持管理（たとえば雨水が表土を流出させないような手立ての実施）、災害時の危機管理（たとえば土砂災害や地震、津波対策）などにおいても県内のみならず、県域を越えた調整が必要となるだろう。

熊野古道からひろがる世界

熊野古道は自然と融合した日本独自の信仰の道である。それはひとつの文化的景観をなしている。そこが評価されて世界文化遺産に登録されたわけであるが、そうした信仰の道のあり方は熊野古道だけのものではない。日本には代表的な信仰の道として、お伊勢参りや四国遍路のほか、出羽三山や月山、立山、白山、大山、石鎚山、英彦山などの聖なる山に登拝することにまつわる道が全国各地にある。すでに世界文化遺産に登録されている富士山にも、世界遺産の主要な構成要素のひとつとして登拝のための道がある。

これらの信仰の道の置かれた周辺環境はさまざまであるが、道そのものが持つ価値は等しい。なぜなら、そこを歩くという行為の持つ意味は等しいからである。

ここで言う「歩く」とは、一地点から他の地点への単純な移動を意味しているのではない。歩くことそのものの中に祈りや救い、癒しや清め、安らぎや赦しなどが込められている。古道を歩くことによって、自然の中で生かされていることを実感する人も多いだろう。思えば人生そのものも長い旅路のようなものである。

歩くというひとつの行為がこうした豊饒な意味に満ちていること、そのことを振り返らせてくれるものとして、熊野古道はある。熊野古道は熊野という地域を超えて、歩くことが内在させている普遍的・精神的なるものへ至る道すじを拓くものである。だからこそ、熊野古道は守られなければならない。

註

1「世界遺産条約履行のための作業指針」付属資料3の第23項

2 A significant natural elevation where the spiritual and physical unite

3 Sacred Sites and Pilgrimage Routes in the Kii Mountain Range, and the Cultural Landscape that surround them

著者紹介

岩槻邦男 いわつき・くにお

1934年兵庫県生まれ。兵庫県立人と自然の博物館名誉館長、東京大学名誉教授。世界自然遺産候補地の考え方に係る懇談会座長。日本人の自然観にもとづく地球の持続性の確立に向けて積極的に発言している。94年日本学士院エジンバラ公賞受賞。2007年文化功労者。16年コスモス国際賞受賞。

松浦晃一郎 まつうら・こういちろう

1937年山口県出身。外務省入省後、経済協力局長、北米局長、外務審議官を経て94年より駐仏大使。98年世界遺産委員会議長、99年にはアジアから初のユネスコ事務局長に就任。著書に『世界遺産―ユネスコ事務局長は訴える』(講談社)、『国際人のすすめ』(静山社)など。

五十嵐敬喜 いがらし・たかよし

1944年山形県生まれ。法政大学名誉教授、日本景観学会前会長、弁護士、元内閣官房参与。「美しい都市」をキーワードに、住民本位の都市計画のありかたを提唱。神奈川県真鶴町の「美の条例」制定など、全国の自治体や住民運動を支援する。

西村幸夫 にしむら・ゆきお

1952年、福岡市生まれ。東京大学教授。日本イコモス国内委員会委員長、文化庁参与、前世界遺産特別委員会委員長。専門は都市計画、都市保全計画、都市景観計画。『西村幸夫 風景論ノート』(鹿島出版会)、『都市保全計画』(東大出版会)など著書多数。

真砂充敏 まなご・みつとし

1957年和歌山県生まれ。和歌山県田辺市長。旧中辺路町議会議員、旧中辺路町長を経て、2005年5月の市町村合併により新田辺市が誕生し、初代市長に就任。旧中辺路町長時代に「紀伊山地の霊場と参詣道」の世界遺産登録に携わる。

辻林 浩 つじばやし・ひろし

1944年堺市生まれ。和歌山県世界遺産センター長。専門は考古学。2000年から「紀伊山地の霊場と参詣道」が世界遺産に登録された04年まで和歌山県世界遺産登録推進室長を務め、07年より現職。

藤井幸司 ふじい・こうじ

1974年大阪府生まれ。和歌山県教育庁生涯学習局文化遺産課主査(公益財団法人 和歌山県文化財センター派遣)。2013～16年「紀伊山地の霊場と参詣道」の境界線の軽微な変更を担当。16年より現職。

山陰加春夫 やまかげ・かずお

1951年和歌山県生まれ。高野山大学名誉教授、高野山霊宝館副館長。専門は日本中世史。著書に『新編中世高野山史の研究』(清文堂出版)、『歴史の旅 中世の高野山を歩く』(吉川弘文館)など。

菅谷文則 すがや・ふみのり

1942年奈良県生まれ。奈良県立橿原考古学研究所所長、考古学者。シルクロード学研究センター研究主幹、滋賀県立大学教授などを経て、2009年より現職。著書に『まほろば巡礼』(小学館)、『平城京100の疑問』(学生社)など。

速水 亨 はやみ・とおる

1953年三重県生まれ。速水林業代表、森林再生システム代表取締役。「最も美しい森林は最も収穫高き森林」として"地域との共生、自然との共生"をめざす。森林環境認証FSCを2000年に日本で最初に取得。

企画協力：田辺市、和歌山県
編集協力：中川 貴、原 弘、藤井幸司、戸矢晃一、真下晶子
写真協力：田辺市（pp. 10, 11, 15, 18, 53, 55, 59, 63, 74, 92-2, 92-3, 103, 105, 107, 125-2, 147, 148, 150, 152-1, 155, 166）
和歌山県観光振興課（pp. 19, 171）
和歌山県教育委員会（pp. 26, 27, 35, 83-2）
速水林業（pp. 131, 136, 143）
写真撮影：辻林 浩（p. 14-1）
藤井幸司（pp. 14-2, 14-3, 14-4, 83-1, 85, 86, 89, 91, 92-1, 94, 97, 101-2）
戸矢晃一（pp. 50, 57, 64, 78, 115, 122）

神々が宿る聖地
世界遺産 熊野古道と紀伊山地の霊場

2016年12月5日　初版第一刷発行

編著者：五十嵐敬喜＋岩槻邦男＋西村幸夫＋松浦晃一郎

発行者：藤元由記子
発行所：株式会社ブックエンド
〒101-0021
東京都千代田区外神田6-11-14 アーツ千代田3331
Tel. 03-6806-0458　Fax. 03-6806-0459
http://www.bookend.co.jp

ブックデザイン：折原 滋（O design）
印刷・製本：シナノパブリッシングプレス

ISBN978-4-907083-38-0